# 数码摄影手册

## 迈克尔·弗里曼的摄影基础入门教程

[英] 迈克尔·弗里曼（Michael Freeman） 著 —————— 高文博 译

人 民 邮 电 出 版 社
北 京

## 内容提要

当下摄影的发展和变化比历史上任何一个时期都快，但变化最大的不是摄影技术，而是摄影师的定义。究竟掌握什么样的知识才能成为一个合格的摄影师，这本书能给你答案。本书是摄影师的必备手册，由英国摄影师迈克尔·弗里曼创作，以其将近50年的摄影经验，通过总结有关摄影的设备、技术以及风格上的经验而成。书中从设备讲起，由浅入深，对各类摄影相关器材给出详细的介绍与使用经验。针对照片的拍摄也给出了自己的心得体会，从构图、主题、用光和特别效果等方面进行详细讲解。最后，本书针对不同拍摄主体、拍摄风格以及图片输出等方面也做出了清晰明了的解释。通过阅读本书，读者能够全方位了解摄影的技术和流程，从而拍摄出优秀的摄影作品。

本书适合摄影爱好者及摄影相关专业学员阅读。

# 前言

过去，也有很多人写过《数码摄影手册》这类书，我对这些作者和书籍充满欣赏与敬意。其实，我最擅长的是写历史类文献，但我为什么要选择这个自己既不擅长又没新意的题材，并决定写这本书呢？最简单的一个原因是：当下，摄影的发展和变化比历史上任何一个时期都要快。这本书与我以前写的那本摄影手册从内容上来看相差甚远，因为这本书会介绍很多新知识。

也许你很难想象，这些年来变化最大的不是摄影技术，而是对摄影师的定义。我们经历了数字革命，现在拥有了先进的、发达的技术，摄影变得更简便、更智能，摄影的可能性也在不断丰富，你可以对照片做越来越多的事情。人们的关注点更多地放在能从摄影中获得什么，以及如何成功地做到这一点。在拍摄海洋时，我们都希望拍出有趣的、个性化的照片，希望它能从其他数百万张甚至上亿张同类照片中脱颖而出。这是一个人人都是摄影师的新时代。

在过去，摄影师们记录事件、拍摄景物，仅仅展示它们本身的样子就足够了，因为观众几乎无法亲身体验这些东西。这也是早期的图片类杂志出现并存在的目的和意义。卢·克莱因（Lou Klein）——第一个对我影响很大的艺术导演曾说过：“摄影就是在对的时间站在对的地方。”其实，并不完全是这样。作为一名专业人士，他说这句话的前提是，拍摄者已经具有随时随地拍出好照片的能力。

现在，在专业摄影师和业余爱好者之间已经不再有明显的分别——这就是我写这本手册的原因之一。不过，有一件事没有改变，那就是我们需要掌握所有关于摄影的技巧。数码时代让每个人都有成为摄影师的可能，也让每幅照片都有被所有人看到的可能。对于旅游摄影师来说，没有一个观众会着迷于看到其永远无法去到的地方。现如今，浏览你的照片的人可能来自世界上的任何一个地方，而且他们可能会在同一个地方、同一个时间拍摄照片。所以，我们必须更加努力，掌握更多的技巧。这些技巧不只是关于器材的，你还要学会如何让作品更与众不同，如何让它们更有影响力、被更多的人看到。这本手册涵盖了以上所有方面的内容，目的就是让你实现这个目标。

# 目录

前言 ...... 6

**第1章　技术** ...... 7

你需要知道的一些事 ...... 8
相机的核心 ...... 10
　用RAW格式拍摄 ...... 14
感光度 ...... 16
完美的曝光 ...... 18
　关键色调 ...... 18
　最适（平均动态范围） ...... 20
　轻度匹配（低动态范围） ...... 21
　超出范围（高动态范围） ...... 22
色彩平衡：体现个性 ...... 24
相机 ...... 26
　数码单反相机 ...... 26
　无反相机 ...... 28
　中画幅相机 ...... 30
　固定镜头相机 ...... 32
　胶片相机 ...... 34
用来捕捉瞬间的快门 ...... 36
镜头是永恒的 ...... 40
　广角、标准、长焦 ...... 42
　镜头极限 ...... 46
光圈影响景深 ...... 52
对焦 ...... 54
三脚架 ...... 56
辅助器材 ...... 58
照明 ...... 60
　相机闪光灯 ...... 61
　影室灯 ...... 64
　光线调节设备 ...... 68
　灯具支架 ...... 72
轻装上阵 ...... 74
工作流程 ...... 76
　工作流程硬件 ...... 76
　工作流程软件 ...... 78
　工作流程模板 ...... 78
　文件名和文件夹 ...... 80
　备份 ...... 81
后期处理不是儿戏 ...... 82
　优化流程 ...... 83
　景深叠加 ...... 88
　照片的“样貌” ...... 88
　整体、局部还是两者都有? ...... 90
HDR ...... 92
　如何拍出好照片 ...... 96
　品评一幅摄影作品 ...... 96

**第2章　图像** ...... 97

摄影的组成成分 ...... 98
取景 ...... 100
　画幅 ...... 100
构图 ...... 102
　秩序 ...... 102
　平衡和失衡 ...... 104
　巧合 ...... 106
　纵深感与平面感 ...... 110
　引导视线 ...... 112
　细节 ...... 114
视点 ...... 116
时机 ...... 118

光线质量 122
黄金时段的光线标准 124
魔法时刻 126
光线与天气 128
室内光 130
布光 132
高调和低调 136
色彩 138
色彩的地域特性 140
和谐与不和谐 142
浓郁与柔和 144
复古的黑白照片 146
适合转换为黑白照片的情况 148
如何转换为黑白照片 150
丰富或广泛的明暗范围 152

**第3章 拍摄主体** 155

人像 156
表情、手势、姿势 158
人像的摆姿 160
运动 162
风景（海景、天空、城市） 164
建筑 172
室内 176
自然状态下的物体 180
影棚内的静物 182
动物 184
微观世界 186

**第4章 风格** 189

令人惊奇 190
叠加 192
直白风格 194
静谧风格 196
柔和的光线与色彩 198
夸张风格 200
夸张的光线 205
浓郁的色彩 206
夸张的透视 208

**第5章 展示** 211

作品中的人物身影 212
网站与幻灯片 214
选择的艺术 216
序列 218
配对与第三种效果 220
叙事 222
社交媒体 226
书籍 227

# 1

# 第1章 技术

# 你需要知道的一些事

**了解工具是所有专业的基本功。任何摄影师想要提高摄影技巧，了解摄影工具都是必备的能力。不过，问题是，它们对最终作品的影响有多大？**



上面那个问题听上去可能挺奇怪，比起其他创意性活动，摄影与器材的关系更复杂。闪着亮光的器材会吸引许多人，不过对摄影而言正相反，对技术的过度热爱会降低摄影的热情。很多人不把这当回事，但如果你对此有一丝担心，就一定要记住：做到平衡，即工具总是为最终结果服务的。

现在问题解决了，让我们言归正传。操作相机就像开汽车，操作者如何操控机器比机器如何运作更重要。现在，摄影师逐渐将注意力从相机的工作原理上移开，就像没有司机会再去清洁汽化器。摄影器材对于摄影师的作用是，让他们能将更多注意力放在更重要、更基本的事情上，比如如何拍出好照片。也就是说，我们有必要了解我们所使用的工具。

第一个需要了解的是数码相机上的菜单。它看上去很复杂，其实不然。虽然菜单上有大量设置选项和其他功能，但事实上，近几十年来相机的功能是在不断简单化的。显示屏上可以直接显示镜头拍摄到的景物，而且可以帮助你对焦。相机中有两个运动部件可以阻隔光线：一个是镜头里的光圈挡板，它可以通过改变口径大小影响进入镜头的光线量；另一个是快门，它可以通过快门打开的时间长短影响进入镜头的光线量。由于光圈同时也会影响景深，快门速度同时会决定运动物体成像的清晰程度，所以你可以选择合适的光圈、快门速度的参数组合来获得准确曝光。你还可以改变相机传感器的感光度来控制曝光。相机内置的测光仪能帮助你测算准确的曝光值。

应掌握的基本知识就是这些。其他更进一步的改善，就取决于你的创意了。菜单里的选项很多，是因为相机可以实现这么多功能，或者说这是相机生产厂商宣传的噱头，但事实上，这些选项中的大部分都没什么用，都只需要设定一次即可持续使用。它们中有很多是为个性化的相机操作服务的。不过，你有必要在使用相机前仔细浏览一遍整个菜单和使用说明，虽然很可能你以后都不会再看它们中的大部分。即使你不想浏览菜单，或者想等以后再看，那也没关系，相机默认的自动设置已足够帮你拍出好的照片了。

**上图：**相机就是眼睛和手的延伸。如果你下定决心要成为一名摄影师，你需要对你的相机非常熟悉，让它用起来得心应手。

# 相机的核心

**摄影是对客观事物的真实反映，你手中的相机就是完成它的工具。相机是工具，是器材。虽然我们对相机的外形和操控装置有自己的看法，如觉得它整洁、厚重、符合人体工程学或者线条优美等，但实际上，现代相机越来越多地由传感器来定义。**



很明显，我们都希望自己的相机有比较长的使用寿命，也希望自己能用它拍出好的照片。现在，这些都取决于传感器和它的支持软件及固件。随着科技的发展，传感器也在不断升级，所以总有一天你想要换个新的。也就是说，现代相机的使用寿命受到技术进步的限制。

如果你关注的是画质——能拍摄到多少细节、色彩还原度的高低、光线量的动态范围——这些由传感器决定的方面，那么单从相机机身上，你很难判断它的好坏。这会让你在挑选不同品牌、不同型号的相机时犯难。因为传感器技术很复杂，而且生产厂商会刻意只透露一丁点儿关于传感器的信息，反而大肆介绍相机的外观。

事实上，你对传感器的了解并不需要太深入，不用完全了解它的全部技术。影响你选择相机的首要因素是传感器的尺寸和像素值。像素，是数码图像上的最小单位，每个像素占据传感器上的一个点位。照片能有多少细节取决于传感器的尺寸和像素值。

对于画质而言，传感器的尺寸越大越好。所以专业的单反相机都是全画幅（传感器的尺寸为24mm×36mm），而中档相机多为半画幅相机（传感器的尺寸为16mm×24mm），当然全画幅相机比半画幅相机贵很多。这也是为什么专业影棚、风景摄影、建筑摄影都要求使用更大的、更笨重的、更昂贵的中画幅相机（传感器的尺寸为30mm×45mm到40mm×54mm），而且要求分辨率达到1亿像素。

还有，在获得更高的分辨率（传感器中的点位会被压缩）和获得更多的点位（目的是接收更多光线）之间，传感器只能二选一。更高的像素密度意味着能够记录更多细节，但是，更大的像素值意味着有更广的色调范围和更强大的暗环境拍摄能力。从亮到暗的色调范围被称为“动态范围”，它在很大程度上取决于信噪比和噪点下限。传感器点位较多时，噪点下限比较低，可以在暗环境中捕捉更多细节。

总而言之，分辨率与暗环境下的拍摄能力成反比。有些相机追求高分辨率，有些相机在两者之间寻求平衡。至于你要选择哪一种相机，就取决于你更看中哪一方面了。

不管传感器的尺寸、分辨率是多少，它

**左图：** 这是索尼品牌的α7RⅡ微单上的传感器，它拥有4200万像素全画幅（36mm×24mm）传感器。



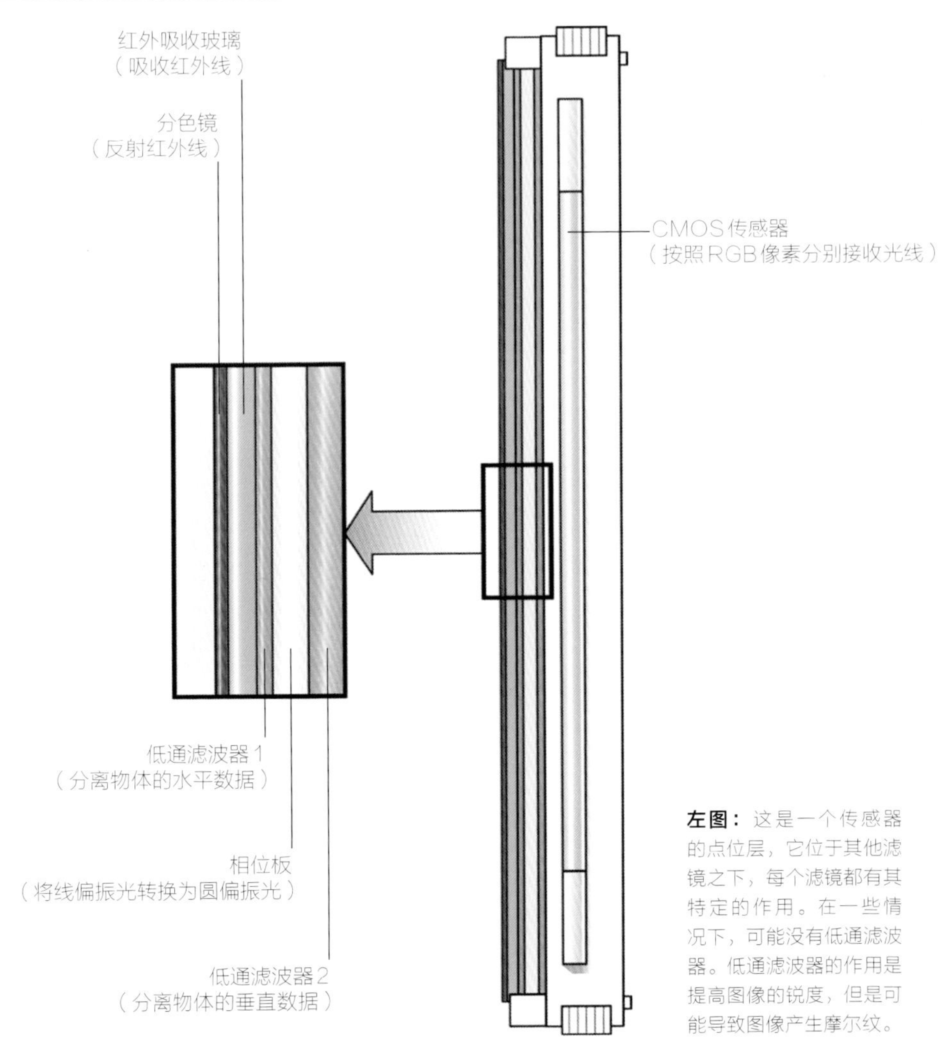


**左图：** 这是一个传感器的点位层，它位于其他滤镜之下，每个滤镜都有其特定的作用。在一些情况下，可能没有低通滤波器。低通滤波器的作用是提高图像的锐度，但是可能导致图像产生摩尔纹。

能捕获的数据都要比电脑屏幕或印刷品上的数据多。人类的眼睛可以分辨约1000万种色彩和色调间的区别，而大多数电脑屏幕和JPEG格式的图像能显示1670万种色彩，远远超出人类所需。描述这个级别的简略表达方式是“8位”，表示每个通道（红、绿、蓝）的每个像素有8位深度。

印刷品能显示的细节更少。一款好的数码相机可以记录12位或14位（见第14页的表格），这是一个巨大的增长。这意味着在合适的环境中，相机可以获得多达4挡光圈的额外数据信息，这对于图像处理有很大帮助。因为在处理图像时，如果选择将图像保存为JPEG格式，图像的位深度会降到8位，而位深度为12位或14位的RAW格式文件可以记录更多高光和暗部细节，这正是相机的图像处理器所做的事情。这样做是为了获得更好的图像效果，同时去掉没用的点位信息。不过，你可以而且应该在设置相机时选择RAW格式拍摄，然后利用具有更强大的处理功能的电脑来获得你想要的效果，而不是将这个任务留给相机。而且，使用RAW格式拍摄得到的文件可以进行反复处理，这是用RAW格式拍摄的最重要的理由。虽然RAW格式文件会比其他格式占用更多空间，但那又怎样？数据存储设备是很便宜的。



**下图：** 从左到右依次显示的是如何将相机拍摄到的数据信息转换为正常照片。从去马赛克到白平衡，再到应用伽马曲线和细节处理，所有这些步骤都在你看到和处理图像之前就完成了。

去马赛克

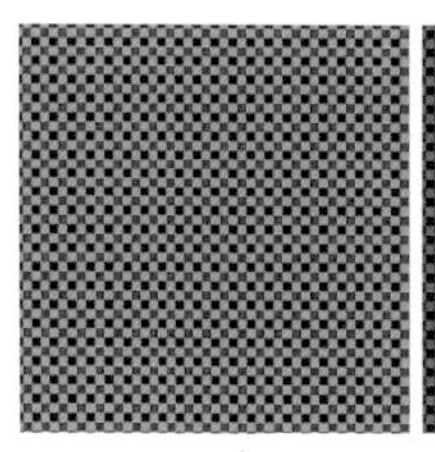

拜耳阵列

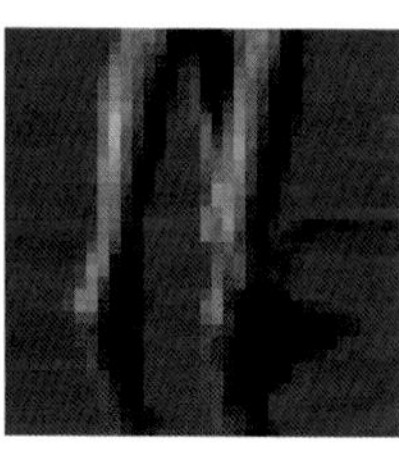

256色调

## RAW格式文件转换顺序

这个过程可以在相机中完成，也可以在电脑中完成。不过在一些特殊的软件中，我们看不到以下步骤，只能看到最终结果。

去马赛克。对由传感器前面排列的色彩过滤器形成的块状拼接颜色进行处理，让它们更接近场景中的原始颜色。这是一项非常精密的工作，所以最好使用电脑完成。换言之，先用RAW格式拍摄，然后用Photoshop、Lightroom、Capture One或其他软件完成处理任务。软件工程师们可是花费了很多精力来做好这一步的。

白平衡。根据相机设置的白平衡模式调整画面的整体色彩。所选择的白平衡设置会被保留为一个标记，如果保存为RAW格式，则在后期处理时软件可以根据需要使用或忽略该白平衡模式。

应用伽马曲线。传感器以线性方式记录与曝光成比例的光线量。但我们的眼睛不会线性地看光线，它们比机器更复杂，可以在快速扫视场景时采用对数响应方式，所以人眼可以感知更大范围的亮度。下面这幅原始的线性图像在我们看来太暗了，要想让它亮一些，就需要应用一条被称为2.2伽马曲线的强调整曲线，它可以扩展较暗的像素级别并挤压较亮的像素级别。

整理。完成其他工作，如应用锐化，处理由“去马赛克”引起的轻度柔化；或者调整对比度、饱和度等。

你可以在后期处理（详见第82～95页）中通过使用RAW处理程序［如Adobe公司旗下的Adobe Camera Raw（后文简称ACR）或其他软件］来完成各种调整，然后将图片保存为TIFF、JPEG或DNG格式，但是不要保存为RAW格式。

白平衡　　2.2伽马曲线

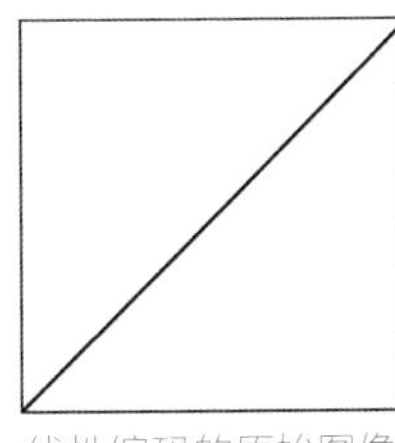

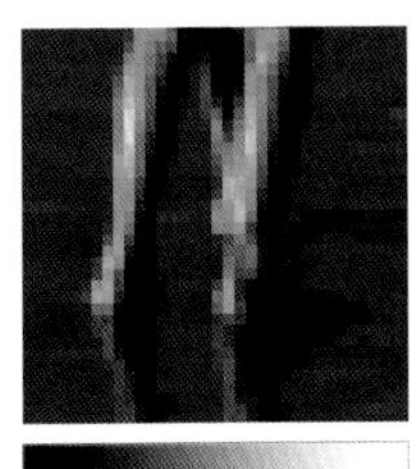

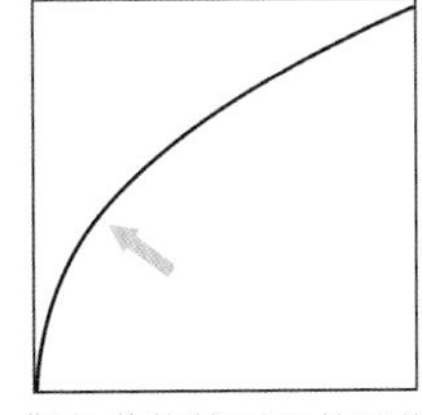

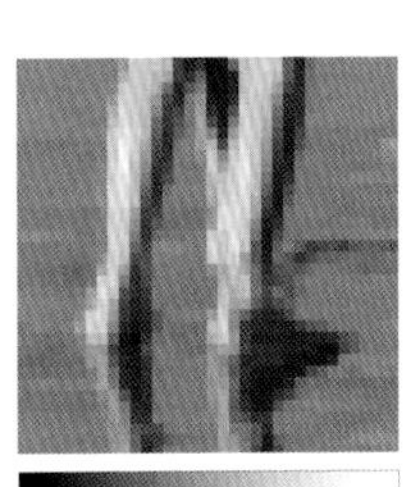

线性编码的原始图像

伽马曲线修正后的图像

## 用RAW格式拍摄

图像被编码和储存的方式称为图像的文件格式。传感器直接形成的原始格式称为RAW格式。每个相机生产厂商都有自己专有的编码方式。相较于展示在显示器或印刷品上的图像，RAW文件中包含更多的色调和颜色信息（由位深度来衡量）。正是由于这个原因，当你将图像转换为JPEG或TIFF这样的一般格式时，才能拥有很大的后期处理空间。

JPEG格式文件是8位的，当被压缩成小一点的尺寸时，通常其质量有所损失但并不明显。它是网络上传时使用的通用标准格式。TIFF格式文件也是压缩文件，不过在压缩过程中无损，是存档的标准格式。这两种格式都是8位或16位（用于进一步的图像调整）的。如果你在相机上选择了JPEG或TIFF格式，相机处理器会自动完成转换。但如果以RAW格式拍摄和储存，你可以拥有更多的机会自主进行后期处理，这是用RAW格式拍摄的主要原因，除非你急着上传图像，需要立即使用JPEG格式文件。



| | 每个通道的位深度 | 颜色或色调数量 |
|---|---|---|
| **人眼** | n/a | 约1000万 |
| **8位JPEG格式文件** | $2^8$ | 1670万 |
| **12位相机RAW格式文件** | $2^{12}$ | 6870万 |
| **14位相机RAW格式文件** | $2^{14}$ | 4.4万亿 |
| **16位TIFF格式文件** | $2^{16}$ | 281万亿 |

### 传感器如何影响图像质量

像素值决定图像分辨率和细节水平；

更大的传感器有更多像素和更浅的景深；

如果场景中出现格状图形，会对传感器上的格状点阵产生干扰，图像上会出现摩尔条纹；

更大的像素值可以收集更多光线，增大动态范围，提高弱光环境下的拍摄能力；

RAW格式能够捕捉比可视的图像格式更多的信息；

颜色是后添加进去的，所以可以在后续处理时重新插入；

色彩分辨率比亮度分辨率低大约1/3；

过度曝光的照片没有记录任何数据，有时会导致溢出的高光部分从高光细节中被剪切掉。

处理计划

处理过的JPEG格式文件

处理过的RAW格式文件

**本页图：**用RAW格式拍摄的价值就在于它具有较大的动态范围。左上图中椭圆圈住的部分就是后期处理时要调整的区域。将调整应用到左边的RAW文件时，它们比应用到右上图的JPEG格式文件时更能匹配这张背光照片的动态范围。

# 感光度

**现代传感器的一个独特优点是它们捕捉光线的能力可以在相机里进行放大，同时不会损坏太多画质。感光度ISO替代了ASA（用于表示胶片的感光度），用来衡量传感器对光线的敏感度。一般情况下，相机上的最低感光度是ISO 100或ISO 200，这是相机的基本感光度，在这个感光度下能获得最佳画质。**



如果想要增强传感器对光线的灵敏度，可以提高感光度。大多数人会在光线较暗时选用这个方法，如在日落后或者在较暗的阴影中拍摄时。提高感光度不会影响到达传感器的光线量，只会放大数据信号。不过，这个方法也有一个缺点。

现代相机允许极高的放大倍数，所以即使在人眼都难以看清景物的暗环境中，相机也可以拍摄。也就是说，相机几乎可以在任何光线环境下拍摄。不过，提高感光度的缺点是会增加噪点——这是任何信号放大后的通病，就像音频中放大信号会产生杂音一样。噪点有3种基本类型：随机的、固定形状的、带状的。提高感光度最容易产生的是随机噪点，它看起来像一个粗糙的斑点，在图像的匀色区域更明显。关于一张照片上有多少噪点才算超标并没有严格的限制或标准，这主要取决于照片最终显示的尺寸及个人的接受程度。

## 曝光三角

有3个设置可以控制照片的亮度：光圈、快门速度和感光度，它们被称为曝光三角。你可以根据自己的需要选择这三者的组合方式。三者中的前两个（光圈和快门速度）负责控制进入相机并到达传感器光线量，而第三个设置——感光度负责放大信号。如果要保持曝光值不变，那么提高三者中的任何一个值都需要降低另外一个或两个值。当光线充足时，有很多种组合方式；但是在较暗的环境中，就需要考虑优先项，并做出一些妥协。

与传统的胶片相机不同的是，数码相机产生的噪点没有补偿的性质，只会降低画质。所以，这个曝光三角事实上是不平衡的。扩大或缩小光圈或者提高或降低快门速度都不会产生糟糕的影响，但是提高感光度通常会有负面效果，所以感光度是不得已的情况下的选择。正因如此，如何平衡好三者是个有趣且需要技巧的事。设置曝光三角时，你需要清晰地知道自己的优先项是什么。一般来说，一个好的曝光三角应该是这样的：理想的快门速度、准确的景深（由光圈控制）、适当的画质。

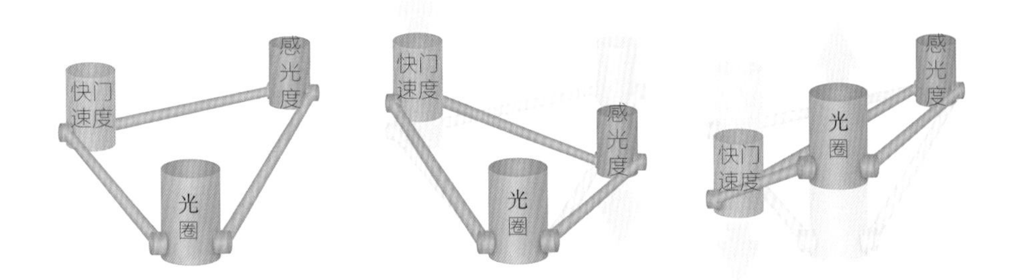


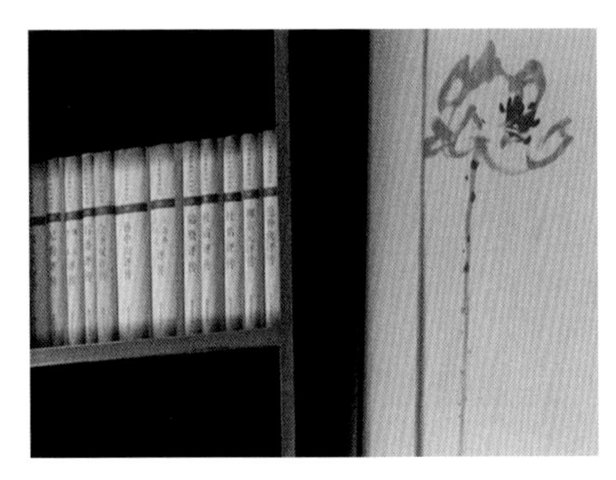

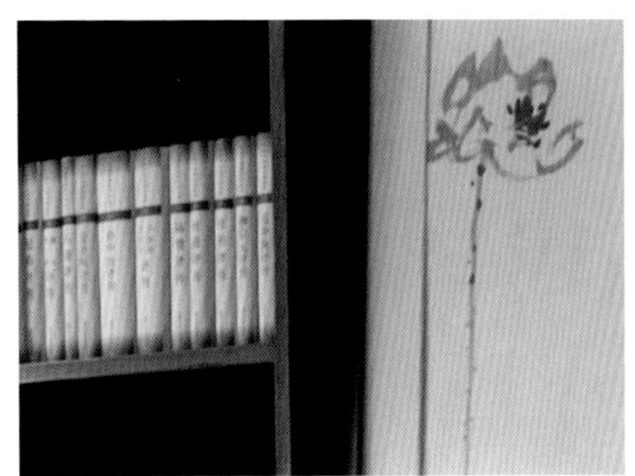

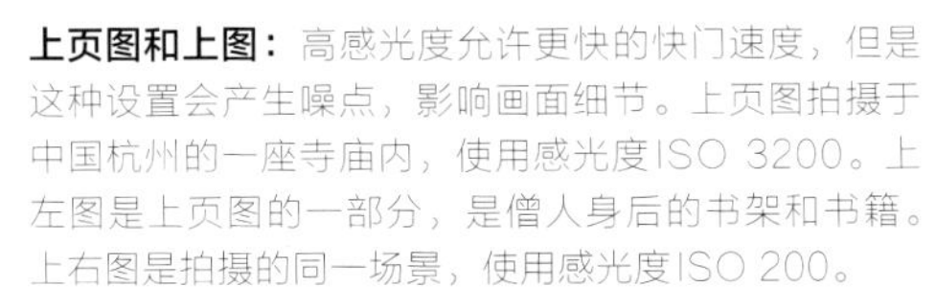
**上页图和上图：**高感光度允许更快的快门速度，但是这种设置会产生噪点，影响画面细节。上页图拍摄于中国杭州的一座寺庙内，使用感光度ISO 3200。上左图是上页图的一部分，是僧人身后的书架和书籍。上右图是拍摄的同一场景，使用感光度ISO 200。

# 完美的曝光

**不论选择哪种曝光方式，都要以不影响完美曝光为基准，特别是选用智能测光时（智能测光，不同的相机品牌有不同的名称，但其基本原理都是将场景细分为关于亮度的马赛克块，然后将其与拥有数千幅图像的数据库中的数据进行对比）。也就是说，除非你有自己个性化的要求，否则不应让任何因素影响曝光的准确度。**



很多专业摄影师依靠自己的经验来解决面对新的曝光情况时的不确定性问题，他们通过将新场景与自己曾经拍摄过的场景进行比较，从而找到合适的设置。他们一般习惯于用固定的曝光模式，因为用自己熟悉的模式更能保证最终效果。

这里有个重点需要你记在心里：场景中的亮度与实际拍摄主体及其含义无关。这在很大程度上简化了摄影，因为最终所有的情况都可以被分为12种基本情况（详见第19～23页）。这12种基本情况又可以根据动态范围分为3组：最适、轻度匹配、超出范围。

正常光照环境下，场景的亮度在传感器的最适动态范围及其上下浮动，这3种情况属于第一组。如果明显缺乏对比，则属于第二组，这种情况比较容易修正。当场景对比度过高，超出范围，传感器无法捕捉场景中的全部色调，这种情况属于第三组，这一组的问题比较棘手。

每一组都有自己的曝光（和处理）策略，处理时主要依靠识别场景中重要的色调，也就是关键色调。场景中的哪个部分是最重要的？你希望它的亮度是多少？例如，最重要的是面部，那么你希望面部的肤色暗一点还是白一点？再例如，在拍摄建筑物时，你希望将光照面还是阴影面作为重点？这些选择是照片个性化的体现，所以根据你自己的拍摄习惯或经验去设置曝光参数组合吧。

## 关键色调

能够快速成功曝光的重点在于经验和判断，所以，你要学会如何确定画面中的关键色调，并根据你的需求确定照片的亮度。关键色调应与画面中明显的拍摄主体一致（如在肖像照中，关键色调要以肤色为基准），不过，关键色调有时也可能只与拍摄主体的一部分色调一致（例如在背光照中，关键色调以拍摄主体边缘的光线为基准）。当然，关键色调不一定是平均色调。如同样是肖像照，拍摄不同肤色的人时，关键色调就不一样。有的需要比平均色调低至少一挡曝光，而有的则需要亮一些。

### 第一组：最适

在明亮但是不刺眼的日照环境下，光线亮度与传感器的动态范围最匹配。你也可以根据自己的需要，决定是让照片偏亮（亮调）还是

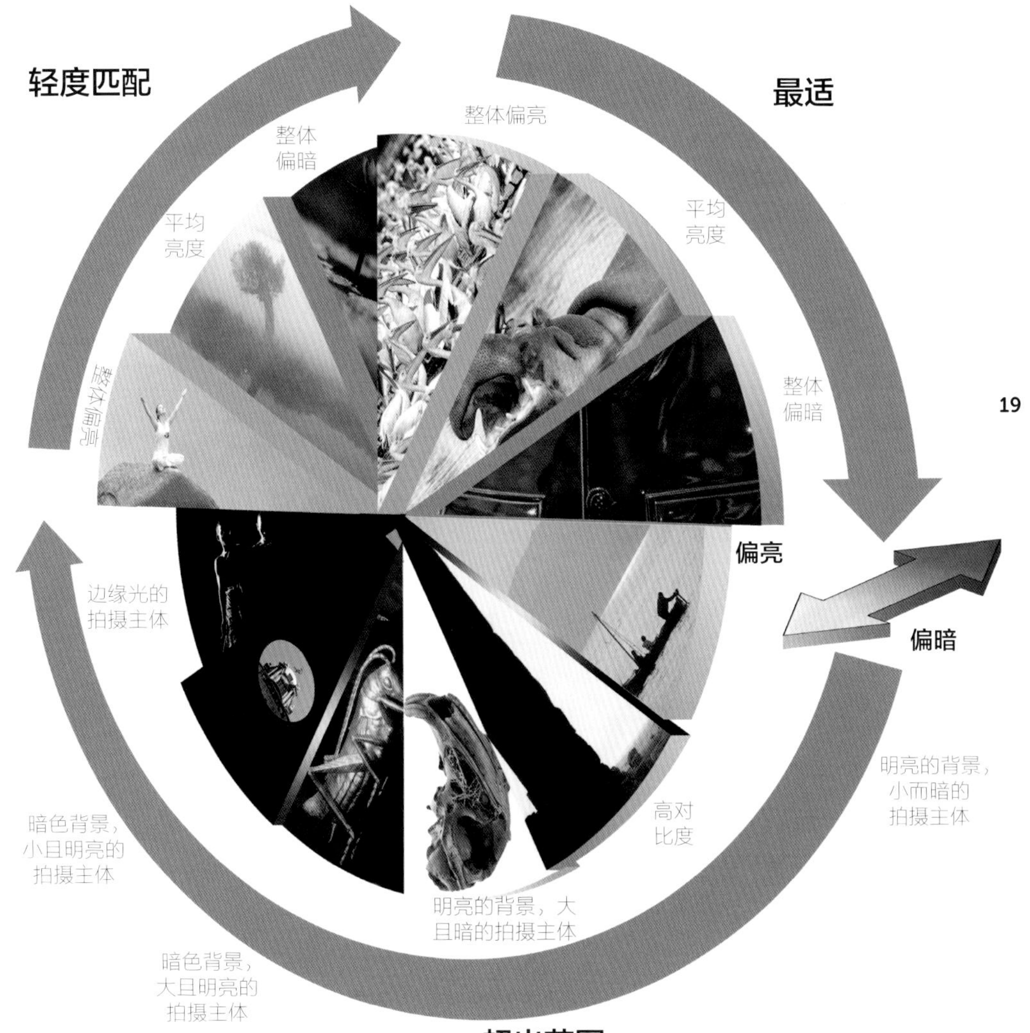




偏暗（暗调）。这一组有3种情况（详见第20页）。

### 第二组：轻度匹配

几乎所有相机的传感器都能轻易捕捉低动态范围的亮度，甚至有一些曝光错误也无妨。而且，你可以并应该根据自己的需要选择画面亮度，可以是平均亮度，也可以是整体偏亮或者整体偏暗。这一组也有3种情形（详见第21页）。

### 第三组：超出范围

当场景中的亮度范围过大，超过传感器能记录的动态范围，你就需要对曝光给予特别关注了。这时，相机无法捕捉场景中的所有景物，所以你需要有所取舍。这一组有6种不同的情况，每一种都有专门的对应策略（详见第22～23页）。

# 最适（平均动态范围）

## 平均亮度

虽然河马的皮肤是深色的，水面的天空倒影是亮色的，但是整个场景中的亮度都在动态范围内。

## 整体偏亮

需要保证这一大片鹈鹕的羽毛接近白色，所以要在相机测光的基础上提高1挡曝光。即使是使用矩阵测光也不太能准确测出这样的画面的整体亮度。

## 整体偏暗

这张照片也是一样的，即使是使用矩阵测光也不太能准确测出这种情况下的亮度，所以拍摄这件黑色釉面陶瓷艺术品时应该将曝光降低1～1.5挡。

## 轻度匹配（低动态范围）

### 平均亮度

这张图本应更亮一点，但是我做了个性化的选择。我想凸显这种黎明时分雾霭氤氲的感觉，于是放弃了想让画面更亮或更暗的念头。

### 整体偏亮

这张照片同样表现的是一个有雾气的场景，不过需要以更明亮、更轻快的色调来表现拍摄主体，所以我增加了2/3挡曝光。

### 整体偏暗

通过将曝光降低1挡，我成功地用暗色调（这是我个人的选择）烘托出了照片的氛围。

## 超出范围（高动态范围）

### 高对比度

在这张图像中，明暗两种色调占比几乎相当，没有哪一个明显胜过另一个，所以这引出了一个问题：该如何取舍？如果选用平均曝光，那么可能会丢失高光和阴影处的细节。大多数人选择牺牲阴影，以保留高光处的细节。因为一旦高光溢出，溢出区域的细节将无法恢复。所以，我建议稍微降低一些曝光（1/2挡或1挡）。如果你使用自动曝光模式拍摄，就需要使用曝光补偿。

### 暗色背景，大且明亮的拍摄主体

毋庸置疑，这幅照片中的关键色调和拍摄主体是这个明亮的、镀金的标志，所以曝光应该以它为基准。虽然使用矩阵测光应该能够获得准确的结果，但如果用中央重点测光对准拍摄主体进行测光可能会得到更为准确的中间色调。

### 暗色背景，小却明亮的拍摄主体

这种情况比拍摄一个大且明亮的拍摄主体更为棘手。对准明亮的小区域测光时，推荐使用点测光，但这比较费时且要求一定的精准度。如果拍摄偏离中心的拍摄主体，要让点测光的提示点直接对准拍摄主体，然后半按快门按钮，锁上自动曝光功能，再将镜头移回最初准备拍摄的画面。或者，你可以使用矩阵测光，然后根据经验进行曝光补偿。如我判断我的相机会过度曝光，所以我把曝光降低了1挡。

## 拍摄主体的边缘光

一个单独光源从后面或侧面照到拍摄主体上，这种情况在所有曝光情况中是最棘手的，很难精准曝光。这里的拍摄主体是两个僧侣，关键色调不在阴影部分，而是主体边缘的受光部分。对于这种情况，通常有两种处理方法：一种是保持边缘光在动态范围内，另一种是保持暗调区域不溢出，保留阴影处的细节，也就是保证在能看到光照的同时看到更多的暗部。这是很个性化的选择，这里我选择了第一种。这两种方法没有哪一种是标准的、完美的，我的方法是坚持使用矩阵测光，但要从使用它的经验中知道它的缺点在哪里，并相应地增加或减少曝光补偿（不过一般不要超过 1.5 挡）。



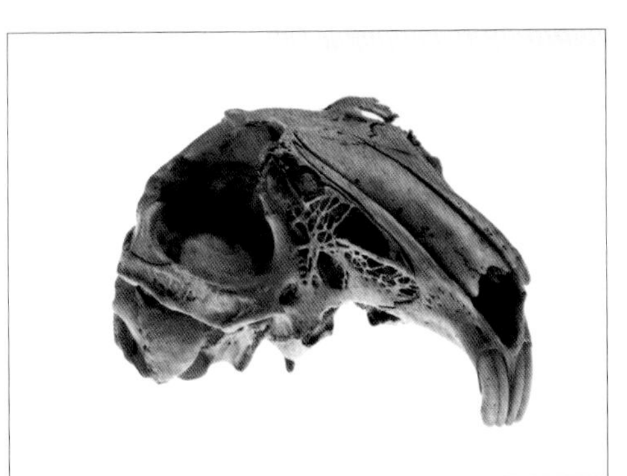

## 明亮的背景，大且暗的拍摄主体

在面对主种情况时，你要做的处理在很大程度上取决于你希望拍摄主体是平均曝光还是呈现剪影效果。如果你希望是平均曝光，那就对准拍摄主体测光，让背景过度曝光；如果你希望呈现剪影效果，那就根据背景确定关键色调，不过需要让它比平均值稍微高一点，但不要让高光溢出。在影棚里面对这种情况时，用手持式测光仪读取光线量是最实用的。

## 明亮的背景，小而暗的拍摄主体

在这种情况下，基本原则与在明亮的背景下拍摄大且暗的拍摄主体相同，不过此时应以明亮的背景来确定关键色调，只需让它比平均亮度亮一点，不要让高光溢出即可。

# 色彩平衡：体现个性

**摄影是基于技术的，所以“精准”的概念已经渗透到摄影的大部分领域，当然也包括色彩平衡。但是这并不代表它是强制性的。在很多情况下，场景的整体色彩取决于你的拍摄需求。**



色彩平衡就是调整整幅图像的色彩和亮度，避免出现不自然、不协调的画面效果，也就是让中性灰呈现出我们认为它该有的样子。人眼的视觉系统对于中性色很敏感，相机在拍摄时可以提供多样的可选模式，如日光、阴影、荧光灯等。当然相机也有自动模式，它可以根据场景中的中性色自动设置，并调整参数以匹配中性色。在一些相机中，甚至还有更高级的功能，它可以专门对场景中的白色进行测光，以确保它保持中性。不过，如果你是用RAW格式拍摄，这些都无关紧要，因为这些色彩平衡设置其实是在相机捕捉图像（光线）后才作用于图像的，也就是说，两者是分开进行的，色彩平衡调整是独立于照片拍摄的，所以，你完全可以在后期处理时再调整照片的色彩平衡。

如果你需要让画面的色彩绝对精准，就像复制一幅画那样，这里有些测量和设置色彩平衡的标准方式你需要了解。一般来说，需要使用校色卡，如爱色丽（X-Rite）色卡，然后在软件（如Adobe公司的DNG Profile Editor）中打开它。这个软件中有一个相机预设文件，你可以将它应用到任何在相似光照环境下拍摄的照片上。

不过多数情况下，我们并不需要使用这种方法让照片的色彩非常精准，部分原因是肉眼就能相对准确地分辨中性色，另一个主要原因是摄影作品是靠眼睛看而不是机器测量来评判的。一个典型的情况就是在日出或日落时的黄金光线环境下，景物的色彩在人眼中不会显得特别橙黄，这是因为我们的眼睛和大脑会进行调节。但另一方面，当我们看这种照片时，却期待能看到一些金色的光芒。所以，你可以在橙黄和冷白之间的这个区域内任意选择一个你觉得合适的色调。

**左图：**这是一张拍摄于早上的照片，相机白平衡设置为自动模式，所以照片展示出偏中性的色调，色温大约为5500K。

**左图：**同样一张照片，将色温设置为4500K，照片显示出较冷的色调，似乎也是可以接受的。

**左图：**还可以将这张照片的色温设置为6500K，让照片的色调偏暖。

# 相机

**市面上有大量的相机，而每款相机各不相同，因此了解基本的技术通常可以帮助你更好地做出购买决策。**





## 数码单反相机

单反相机又传统、又笨重，可为什么它们依旧是多数专业摄影师会选用的主要设备？因为它们高效、使用起来相对简单，更重要的一点是摄影师可以通过取景器准确地看到要拍摄到的画面。一块镜面和一个五棱镜（这是一种光学棱镜，是一种可将图像正面朝上呈现的透明玻璃棱镜）能让你直接看到镜头里的画面，但其他系统做不到这一点。这种结构导致数码单反相机又重、又大、又可能有噪点，但是相较于它的优点，专业摄影师往往会忽略掉这些瑕疵。

以前的胶片单反相机有一个明显的优点：在使用任何焦距的镜头，不论是广角镜头还是长焦镜头时，摄影师都能从取景器中看到与最终拍摄效果完全一致的画面。如今的数码单反相机不再具有这个优点，因为它会受到一些电子干扰，但是在准确表现方面依然是不错的。你依然可以从取景器中看到与被拍摄场景相对一致的画面，即使是使用长焦镜头，镜头玻璃和空气导致的光线折射和空气透视对画面产生的影响也能在取景器中表现出来。

**右图：**一个典型的尼康DX系列数码单反相机，定位于入门相机消费市场。

**下图：**数码单反相机的核心概念就是光线通路。光线照到一个成45度角倾斜的镜面上，然后穿过一个五棱镜，就可以在取景器中形成准确的图像了。

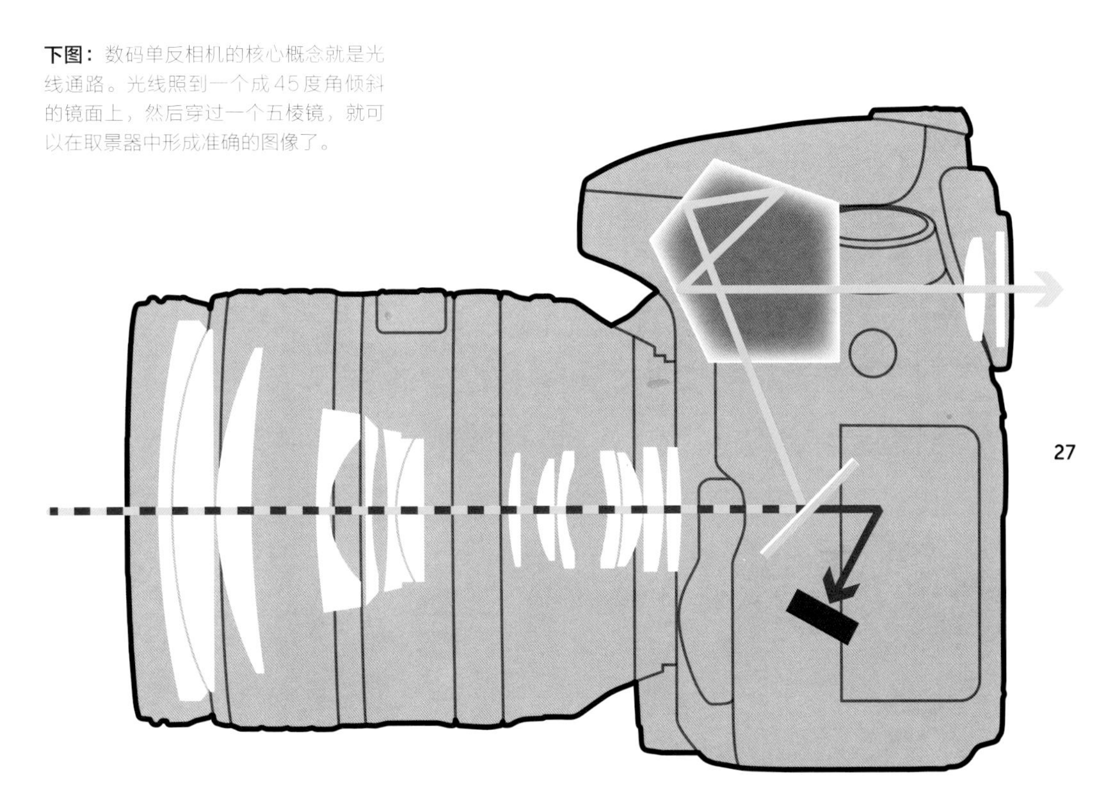



当然，天下没有免费的午餐。如上图所示，反射镜面组件需要确保许多零件相互对齐并正确校准，这会增加许多潜在的故障点。其中一个故障点就是自动对焦传感器，或更具体地说，是自动对焦传感器如何与透镜元件相互作用以实现精准对焦，以避免跑焦现象。幸好，现在的相机上有了一个很不错的功能可以有效解决这个问题——它通常被称为“自动对焦微调”，这个功能可以通过手动正向或负向调整补偿数据，向前或向后调整焦点，而且它可以对每个镜面进行独立校准。

## 无反相机

相较于数码单反相机，无反相机是一种新型的相机。无反相机为了追求更小的体积，没有反光镜，因此也没有数码单反相机上的光学取景器。拍摄者只能通过相机上的电子取景器或者液晶显示屏来构图。甚至，一些型号的相机上只有液晶显示屏。这都是为了让相机更加小巧、轻便。不过，无反相机与卡片机的本质区别在于，无反相机的传感器尺寸基本与数码单反相机一样。所以，它基本可以获得与数码单反相机一样好的画质。

无反相机的目标是既能提供像数码单反相机一样的画质，又具有小巧、轻便的机身，且可以更换镜头。虽然在许多方面，无反相机实现了这些目标，但在拍摄快速移动的物体时，它们的能力往往较弱。这是由于无反相机没有像数码单反相机一样的对焦系

**上图：**一些无反相机既追究小巧的体积，又追求漂亮时尚的款式，如这款复古风格的奥林巴斯数码相机。

统。单反相机使用的是相位检测自动对焦方式，而一般的无反相机使用的是对比度检测自动对焦，这就要求画面中必须有高对比区域，以便让相机找到可以对焦的位置。这样可以形成非常精准的自动对焦，因为无反相机不存在之前所提到的数码单反相机会遇到的校准问题。但是，在拍摄快速移动的物体时，最好将自动对焦与快门按钮分离，那样你就可以先对准拍摄主体可能出现的位置进行对焦，然后等待，当拍摄主体到达预设对焦位置后再按下快门按钮。

**上图：** 另一些无反相机则采用更传统的单反相机风格，如这款佳能EOS M5，因为去掉了反光镜组件，用电子取景器代替了光学取景器，所以它的机身体积明显变小了。

## 中画幅相机

传统的中画幅和大画幅胶片相机具有高分辨率、画面尺寸大等优点。现在，具有同样画幅的数码相机也拥有这些优点。多数品牌的中大画幅相机，其机身背部是可拆卸的，可以添加到多个相机系统中，如PhaseOne、Hasselblad、Horseman、Alpa和 Sinar等。相机传感器，特别是高端、大型相机的传感器是如此复杂，以至于只有少数生产厂商可以生产这种机身背部，如PhaseOne、Hasselblad和Mamiya Leaf，而且它的价格很高。相较于数码单反相机和无反相机，平均每个像素的价格也更高。目前，传感器尺寸一般在5000万像素到1亿像素之间。而且在过去的几年中，随着单反相机和无反相机传感器尺寸的增大，传感器尺寸的上限也有明显的上升。徕卡公司声称他们的S系列是中画幅相机，但其实S系列相机的传感器只有3750万像素，可能是他们自己扩展了中画幅相机的定义吧。与传统的中画幅胶片相机相比，一个新的发展是相机有更大的机身来容纳内置传感器，比如宾得645Z。

毋庸置疑，对于一张有价值的照片，图像文件大一点会更好，那样你可以用它来进行更大尺寸的展示——如打印出来，挂在一个气派的画廊里，但是你也应该权衡利弊。通常，图像文件大小的决定因素是照片展示所需要的最大尺寸。如要将照片刊登在杂志上，那么通常情况下，两页大（将杂志展开的尺寸）就足够了，一般是18in×12in（1in≈2.54cm）（或46cm×30cm）文件，所以2000万像素的传感器就够了。如果你要策划一个广告活动，需要为一个大广告板（240in×120in或6m×2m）拍摄照片，那么最好使用中画幅相机，这样能够得到较好的画质。虽然会有人反驳说，广告牌通常是从远处看，而不是近距离看的，所以不需要太好的画质。不过，画质好一点总归没有错。

**左图：**宾得645Z使用了传统的数码单反相机反光镜组件，不过因为使用了更大尺寸的传感器，所以它的反光镜组件比多数数码单反相机上的更大。



**上页图和右图：**这两款相机具有和上图的宾得相机同样尺寸的传感器，但是前者使用了无反射镜的方法，直接依靠传感器自动对焦，并添加了电子取景器而非光学取景器。

# 固定镜头相机

## 傻瓜相机

这种相机通常也被称为“紧凑型相机”，它们的尺寸比较小，一般没有或只有部分手动操控功能，可以自动对焦。傻瓜相机的操作非常简单，因为最初生产这类相机的目的就是满足那些想要简便、快速记录重要事件（如假期、生日、婚礼等）的消费者的需求。在明亮的日光环境下，傻瓜相机可以拍出画质不错的照片，对于一般不大于8in×10in的图像，基本都能保证清晰度。

## 过渡型或超变焦相机

之所以称这类相机为“过渡型”相机，是因为它们介于紧凑的傻瓜相机和数码单反相机之间，过渡型相机比傻瓜相机大一些，有更多的功能，多数还有手动操控功能，而且焦距范围很大，可以从广角变化到超长焦。另外，它不像傻瓜相机那样，用机身背部的液晶显示屏来观察场景，过渡型相机有电子取景器，可以通过电子取景器构图。在明亮的环境下，相较于液晶显示屏，电子取景器有明显优点，因为前者在强烈的光线下很难看清。

## 紧凑型相机

作为一个广泛的类别，紧凑型相机是较新的一种固定镜头相机。这类相机的目标客户是有经验的摄影爱好者，他们购买这种相机通常是作为大型专业相机的便携备用品。这种相机具有完整的手动操控功能、较大尺寸的传感器（与数码单反相机的传感器尺寸相同或几乎相同）、高品质的镜头。不过，它的缺点是镜头一般不能变焦。因为如果想在如此小的机身内放下一个大尺寸的传感器，只能牺牲镜头的变焦功能——这是唯一的方法。所以，它通常使用中等焦距的广角镜头。

## 电子计算相机

越来越多的相机开始安装主摄像头之外的辅助摄像头，以此来实现只用一个镜头无法实现的效果。使用手机摄像头，你可以创建3D图像、进行二次曝光、模糊背景、在夜晚拍摄……这些功能的实现都依赖于手机处理器。所以，很明显，手机上的处理器比典型的相机处理器强大得多，甚至比高端相机的处理器还要强大。

## 胶片相机

从技术方面来看，从胶片到数码的转换恐怕可以称得上是摄影史上最重要的事件之一。这个事件对摄影的影响还在继续，还无法盖棺定论。很多人认为，现在有一种复古的潮流，在摄影这个大圈子里，有很多人想用胶片拍摄。一些人从始到终都未放弃过用胶片拍摄，而更多的人正在慢慢发现这种原始的摄影媒介的魅力。站在数码相机的角度看胶片相机，它就像个“空壳子”，没有各种电子元件，只靠物理工程学运行。

### 35mm相机

设计这类相机的目的一是利用新型的电影底片；二是通过取景器看到所拍摄的场景，预览即将拍摄的画面。当转动镜头对焦环时，焦点通过视差原理将对焦区域中的两个图像聚集在一起。这种袖珍相机彻底改变了手持摄影。另一个相机变革是单反相机的出现，它通过一个可翻转镜面和一个五棱镜，让眼睛可以在取景器里看到与镜头中的景物一模一样的画面。

## 120胶片相机

这种中画幅相机使用的是60mm宽的胶片（胶片长度根据相机型号的不同而有所不同），它比35mm相机的分辨率更高。在杂志和书籍印刷工艺远比现在粗糙的年代，更大的胶片意味着更好的画质。双镜头反光相机（双反相机），如早期的代表品牌——禄来相机，使用一对相互匹配的镜头，一个负责取景，另一个负责拍摄。这种相机被设计成可以放在腰部的样式，摄影师可以弯腰向下看到取景器中的影像。哈苏相机首先开始在单反胶片相机和中画幅相机上使用翻转反光镜；宾得6×7相机则是最先使用五棱镜取景器的，它基本上是35mm单反胶片相机的放大版。胶片有很多尺寸，从4.5cm×6cm、6cm×6cm、6cm×7cm到6cm×9cm不等，甚至有更大的专门用于拍摄全景照片的胶片。

## 单胶片相机

虽然这种相机的工作效率很低，但是专业影棚和建筑、风景摄影师都喜欢用它。这类相机中的多数型号都需要把胶卷剪成薄片，并预先装在装有深色卡片的支架上。曝光时深色卡片被拉起，曝光结束后再落回。像迪尔多夫这样的相机通常是由木头制成的，可以折叠，便携性高。而像林哈夫这样的相机，作为机械工艺的杰作，通常是金属材质的，而且在必要时可以手持使用。最后出现的是单轨专业相机，如仙娜，它有多种配置方式，其特点是在机身前端有标准的镜头，在机身后端有标准的取景器和胶片，胶片插在一个固定在三脚架上的金属条内。最常见的两种胶片尺寸是4in×5in和8in×10in。

# 用来捕捉瞬间的快门

**有3个与相机和镜头有关的核心系统会影响图像的拍摄和曝光，它们分别是快门、光圈和感光度。**



快门和光圈属于机械装置，而感光度涉及电子装置，它们都对图像有特殊的影响，如快门速度影响运动物体被拍摄的状态，光圈影响景深，感光度影响弱光环境下的拍摄能力和噪点的产生（提高感光度可以增强弱光环境下的拍摄能力，但同时会给画质带来负面影响）。相机的基本操作就是指控制这3个系统。

在由光圈、快门速度、感光度组成的曝光三角中，三者是相互制衡的。对于快门速度而言，要想获得较高的快门速度，就需要付出相应的代价，代价有两种：一是产生噪点；二是景深变浅。实际上，捕捉快速运动的物体要考虑两方面，一方面是拍摄主体实际的运动速度；另一方面是拍摄主体与相机的相对速度及摄影师是否已经做好准备。拍

©Jed Best

**上页图：** 拍摄的是准备起飞的火烈鸟。这一瞬间显然需要以 1/500 秒的高速快门才能捕捉到。

**右图：** 另一种拍摄运动物体的方法是使用慢速快门（如 1/10 秒），制造一种模糊效果。这张照片拍摄的是一名正在跳芭蕾舞的舞者。



摄快速运动的物体需要快速的反应、敏捷度和熟练度——虽然这是我们很难达到的。

能否跟上拍摄主体运动速度的主要决定因素是快门速度。衡量快门速度是否够快的标准是将它与试图捕捉的物体的运动速度相匹配。典型的情况一瞬间发生的，摄影师在眨眼之间就要做出快速反应，还要有同样快的快门速度。按照惯例，通常认为当画面中没有任何快速运动的物体时，1/125 秒是一个安全的平均速度，而 1/250 秒是中等偏快速度。不论在何种情况下，最重要的是拍摄主体在取景器中的运动速度（详见第 39 页）。在拍摄上一页所展示的火烈鸟照片时，我使用了 1/500 秒的高速快门，就是为了捕捉正在快速运动的鸟儿们的腿及溅起的水花。总之，虽然相机可以计算出需要怎样的快门速度，但实际上只有丰富的拍摄经验才是更有实用价值的。

用高速快门拍摄的优点之一是可以“凝固”时光的瞬间，可以抓拍到那些发生得太

快以至于我们无法分辨的姿态。这就是为什么在高速摄影中常常用到“定格”这个词。高速摄影有着独特的魅力，如可以抓拍到喷向半空的弧形水柱，呈现出水柱好像被“定格”在空中的效果。高速摄影的关键是要让动作的关键部分处于正确的位置、合焦且时机合适。

观众在观看高速运动的物体的定格照片时，可以欣赏到动与静的对比之美。通常摄影师会用静态景物或动作速度较慢的物体作为高速运动的物体的背景，让后者在视觉上更加具有吸引力。有些时候，高速运动的物体中仍有静止的部分，这会在两个方面产生吸引力：一个是可以使用比一般速度稍慢一些的快门；不过更有趣的是，静止的部分具有天然的吸引力，因为它们看上去好像可以让时间慢下来。

虽然定格是一种典型的拍摄运动物体的方式，不过还有一种与之相反的技术，那就是用慢速快门让运动物体在画面中呈现为线状或带状，这种方法被称为“动态模糊”。如果你想要定格瞬间，拍出清晰锐利的效果，那么这种方法就不适用；但如果你想要制造一种“印象派”的效果，就可以试试这种方法。每个人都对运态模糊的样子都很熟悉，所以人们从视觉上很容易接受它。用高速快门定格运动物体时，快门速度需要根据动作速度进行设定。运用动态模糊最极端的例子（虽然可能有些过头了）是用一分钟甚至更慢的快门速度拍摄水体，如海洋、湖泊、河流等，这样水流就可以呈现出柔滑、模糊的样子。这时需要用高倍的中性密度滤镜（ND滤镜）来减少进入镜头的光线量。如果没有滤镜，即使是使用最低的感光度和最小的光圈，进入镜头的光线量也会过大。

## 在画面中停留的时长是关键

拍摄主体在镜头范围内（取景器内）穿过的速度比它的实际运动速度更重要。这听起来像是废话，但实际上摄影师很容易被运动的物体分散注意力，例如赛车、摩托车、低空飞行的喷气机等。如果拍摄主体穿过取景器的时间是1秒，那么摄影师至少需要用1/500秒的快门速度，才能确保捕捉到它。

- 站在同样的位置拍摄，运动的拍摄主体穿过广角镜头的时间比长焦镜头长一些。
- 一个平稳运动的拍摄主体，例如公路上的汽车，如果其运动方向与相机拍摄方向成直角，那么它就会以最短的时间横贯画面；如果其运动方向与相机成对角线，那么它横贯画面的时间就会长一点；如果汽车正对着你运动，那么它会在画面中停留很长时间。
- 有些拍摄主体的移动速度比你想象的要快很多，例如，某人正在说话，那么他的手势或者面部表情会在极短时间内发生变化。
- 跟拍会减慢镜头范围内平稳运动物体的运动速度，但不一定是它的运动部分，例如自行车骑手踩在脚踏板上的双脚。

**上页图和下图：** 使用很慢的快门速度可以把巨浪变成薄雾效果。使用30秒的快门速度和感光度ISO 100，可以拍出这种效果。不过一定要使用高倍ND滤镜来减少进入镜头的光线量，这里使用的是12倍的滤镜（一个9倍的ND500滤镜加上一个3倍的ND64滤镜），并使用f/20的小光圈。

# 镜头是永恒的

**镜头需要长期投资，尤其是在现在这个时代。不仅是因为数码相机的机身更新换代极快，还因为它是能赋予图像特征的光学器材。**

当然，选择镜头时有一些需要考虑的客观要素，如焦距，不过更多的是根据个性化的拍摄兴趣选择与之匹配的镜头，用这个镜头来发展你的个人风格。多数摄影师都与他们的镜头有一种超越实用的关系。美国摄影师玛丽・埃伦・马克（Mary Ellen Mark）曾说："选择镜头是一项关于个人视觉审美和使用舒适度的事情。"亨利・卡蒂埃-布雷松（Henri Cartier-Bresson）相信50mm镜头既有合适的视野范围，又有足够的景深，这些都是长焦镜头所不具备的。而且在他眼里，35mm镜头的视野范围太宽了，更适合那些想要通过摄影作品"呐喊"并表达强烈情绪的摄影师。因为35mm镜头会产生畸变，这种畸变效果会作用到前景中的物体上，他并不喜欢这种效果。安妮・莱博维茨（Annie Leibovitz）说过："我的工作就是避免拍到普通的照片。我最喜欢28mm镜头，因为它能给我带来与众不同的、有一点轻微畸变的透视效果。"另外，镜头是摄影师眼睛的延伸，所以这值得你花费精力来加深和培养自己对光学世界的了解和敏感度。

镜头的主要参数是焦距，它决定了视角大小、放大倍数。不管你愿不愿意，它都对图像特征有明显影响。一个简单的原则是焦距参数越靠近两个极端（大和小），对图像的光学影响越大。

| | 超广角 | 一般广角 | 标准 | 小长焦（人像） | 长焦 | 大长焦 | 超长焦 |
|---|---|---|---|---|---|---|---|
| 全画幅 | 小于20mm | 20-35mm | 40-60mm | 70-100mm | 150-200mm | 300-400mm | 大于500mm |
| APS-C（半画幅） | 小于14mm | 14-23mm | 26-40mm | 46-67mm | 100-140mm | 200-250mm | 大于350mm |

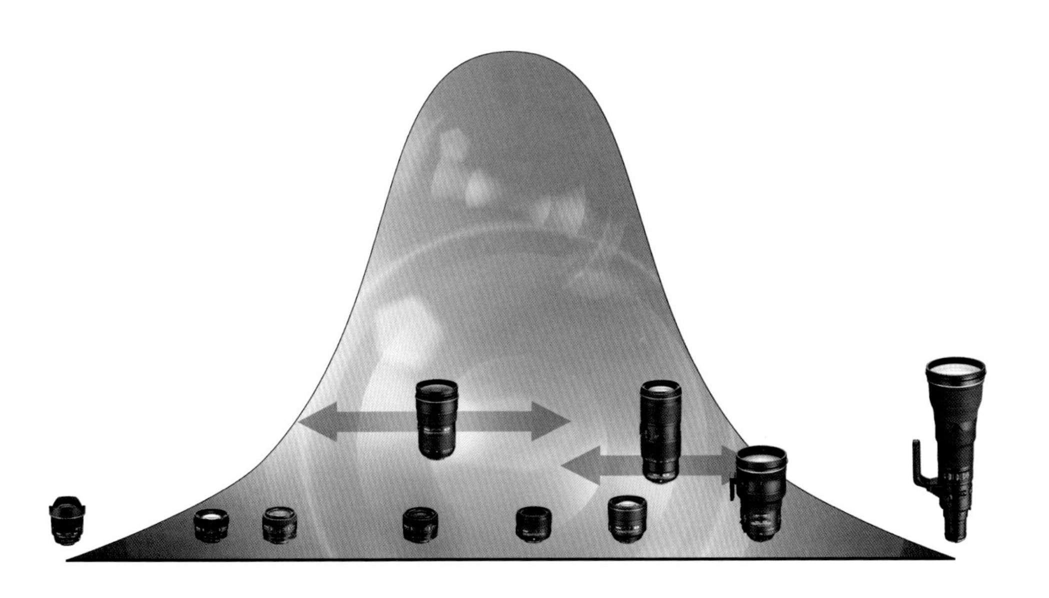



**定焦还是变焦?**

| 定焦 | 变焦 |
|---|---|
| 有最佳的光学质量，几乎没有或只有很小的畸变，而且不会产生色差。 | 会有一定程度的畸变、像差、失真等问题，不过能满足大多数拍摄需求，而且这些问题通常可以通过后期处理软件中与镜头相关的插件进行校正。 |
| 结构简单，故障率低。 | 更重，更复杂。 |
| 允许更大的光圈。 | （在长焦端）比同等级别的定焦镜头反应速度慢一些。 |
| 焦距固定，所以摄影师必须通过改变自己与拍摄主体的距离来控制场景在画面中的大小。 | 可以通过调整焦距来改变场景在画面内的大小。 |
| 同等质量下，价格较低。 | 高品质的变焦镜头的价格比较高。 |

## 广角、标准、长焦

焦距是区分不同镜头的主要参数。焦距越小，视角越宽；反之，焦距越大，视角越窄。你可以按照这个规律，根据拍摄主体的需要和你个人的想法，选择适当的镜头。乍一看，这种选择似乎有些令人困惑，尤其是变焦镜头具有一系列不同的焦距。多数情况下，你会希望拍摄到的图像与你所看到的景象一致。去仔细看一看所有重要的、著名的照片吧——从20世纪20年代末第一次使用35mm胶片到今天的所有照片，你会发现，最好的照片几乎都是用接近于标准焦距的镜头拍摄的。

### 我们所看到的

50mm及其附近很小范围内的焦距，可以产生类似于人眼的视角，所以被称为“标准焦距”。它不张扬，个性不突出，但这正是很多摄影师选择它的原因。标准镜头的光学效果几乎不会对拍摄主体产生任何影响，所以它特别适合街拍或者在影棚内拍摄静物——虽然这两种拍摄类型在风格上完全不同。从光学上讲，没有公认的标准焦距，因为肉眼的视野不像照片那样会受到画框的限制，所以两者没法进行直接的比较。所以，关于标准焦距，一种定义是传感器的对角线长度（约43mm）；另一种定义是在取景器中看到的画面与肉眼看到的画面基本一致时的焦距（但这也取决于取景器的设计）。也许最合理的方法是按照焦距来定义，与大多数人的视野范围（大约为30度）——50mm镜头在全画幅相机上形成的视角基本与之相同——一致的焦距即为标准焦距。



### 根据拍摄主体选择镜头

**街拍。**标准镜头或广角镜头都很常用。

**拍摄街对面。**长焦镜头更不易被人注意到，能让你有更多的拍摄时间，但代价是视角较小，能拍摄到的范围较窄。

**人像。**小长焦镜头有助于通过近距离拍摄来平衡脸部的比例。

**室内。**使用广角镜头或站在屋角，更有利于拍摄到整个空间。也可以结合使用标准镜头，用标准镜头凸显细节。

**建筑。**如果你离建筑物较近，使用广角镜头有利于拍摄到整个建筑。理想情况下，可以添加一个移轴镜头来避免畸变（如果没有，可以在后期处理时使用Photoshop进行校正）；还可以加上一个长焦镜头，用于凸显建筑物的细节，或者进行远距离拍摄。

**风景。**一般情况下，一般广角镜头是拍摄风景的埋想选择。如果要拍摄全景照片，则可以使用超广角镜头，或者用任意镜头拍一组照片再将其拼接起来。长焦镜头可以形成一种完全不同的风格——具有距离感和空间压缩感。

**静物。**在影棚中拍摄静物一般使用标准镜头。在影棚里，多数拍摄主体都是经过精心挑选、摆放、布光的。

**野生动物。**使用长焦镜头，通常焦距越长越好，这样就不用离它们太近，既不会惊吓到它们，也不容易被它们伤害。

**运动。**在拍摄距离受到限制的情况下，使用长焦镜头可以将运动物体拉近。

**上图：** 拍摄于南美洲的一家幼儿园。在50mm焦距下，镜头的视角与人眼的视角基本一致。

**大视野的广角镜头**

在全画幅相机上，广角镜头一般是指焦距小于50mm的镜头，它的视角一般大于60度，有时甚至可以达到90度，不过仍小于超广角镜头。在全画幅相机上，典型的广角镜头是20mm、24mm、28mm和35mm，它们都有很长的历史，当然现在的标准-广角变焦镜头中已经包含了它们。使用广角镜头时，可以轻松将更多景物纳入画面，如更广阔的风景或室内空间。不过，纳入更多景物的风险是容易让场景显得杂乱。它就相当于电影技术中的“主角视角摄影机”。美国摄影师埃利奥特·厄威特（Elliott Erwitt）曾说过：“广角镜头最大的作用在于它能表现出前景和背景之间的关系。”接近边角处的区域会发生畸变这个缺点很难避免，所以大多数使用广角镜头的摄影师会通过构图和取景来弱化畸变，尽量降低“鱼眼效果”对画面造成的影响。还有，如果想让广角镜头拍摄出的照片有更好的表现，最好使用浅景深。

**具有压缩效果的长焦镜头**

与广角镜头摄影形成的效果不同，长焦

**上页图：** 使用20mm的广角镜头，采取对角线构图，让这个位于洛杉矶的现代建筑富有图形美。

**上图：** 在拍摄飞行员和一列飞机时，使用300mm的长焦镜头让画面产生了明显的压缩效果。

镜头所拍摄的画面会让人感觉更客观、更冷静。当使用广角镜头拍摄时，由于光学原理的作用，远近不同的景物会被分开，彼此之间产生明显的距离感；但是长焦镜头会减弱这种距离感，从视觉上缩小它们之间的距离，减少它们在尺寸上的区别，产生一种较为平面化的效果。这种效果非常适合拍摄面部，因为它不会放大鼻子和下巴。所以，从很早以前，摄影师们就开始使用中长焦镜头拍摄人像。同时，长焦镜头很适合用来放大背景、营造压缩的场景效果。纽约摄影师杰伊·梅塞尔（Jay Maisel）说过："如果你不关注背景，那么你想表现的一切都有可能被搞砸。"虽然用长焦镜头拍摄可能会显得有点冷淡，在街拍摄影中会拉远你与拍摄主体间的距离。

## 镜头极限

一些摄影师非常热衷于对焦距的极限进行试验。例如，比尔·勃兰德（Bill Brandt）拍摄的那组有名的裸体照就是使用超广角镜头完成的，杰伊·梅塞尔则因他的“长焦风格”而出名。他曾说：“如果我带着一只广角镜头和一只长焦镜头外出拍摄，那么那一只广角镜头就很少有机会被安在相机上。”就连沃克·埃文斯（Walker Evans）也会偶尔利用长焦镜头的压缩效果来表现“纯粹记录”的风格。那些想要从一个拍摄风格轻松跳跃到另一个的摄影师通常会选择使用广角镜头。20世纪最有影响力的摄影师之一恩斯特·哈斯（Ernst Haas）虽然在使用35mm镜头进行彩色摄影方面最为出名，但他实际使用的焦距范围很广，正如他所说：“我拍摄时，大多数使用21mm、28mm、50mm、90mm、180mm、400mm的镜头。”

### 超广角镜头

普通广角镜头和超广角镜头之间没有严格而明确的区分，但是多数人认为20-24mm的焦距属于超广角镜头，比这更广的镜头就会导致夸张的变形。14-24mm变焦镜头的最广端（14mm端）形成的视角，比肉眼所能看到的视角要大得多，所以它既可以满足某些情况的特殊需要，又可以在视觉上令人兴奋。当然，它不可避免地会造成画面失真。

**下图：**14mm的镜头是全画幅相机可使用的最广的镜头之一，这张照片就是一个很好的范例，以极近的视角拍摄了一位正在使用索道过河的男人。

**左图 & 上图：** 移轴镜头通常用于拍摄建筑。这种镜头相较于常规广角镜头可以覆盖更广的视野，向上移轴拍摄建筑可以避免常见的透视变形。



镜头设计工程师一直致力于修正镜头的桶形畸变，所谓桶形畸变就是广角镜头会导致画面中平行于边框的直线向边框处弯曲，像桶的表面一样。不过，为了修正桶形畸变，就会产生另一种变形：画面从中心向外延伸，越来越明显地向角落延伸。当拍摄者离前景非常近或者景深很深时，这种几何学上的夸张效果会是最强烈的，但也正是这些效果让超广角镜头具有非常特殊的特性。例如，在使用焦距为14mm的镜头时，扭曲变形有多么严重并不重要，变形的位置才更重要。对不同的地方取景，即使只是稍稍移动镜头，就会产生完全不同的画面效果。

## 视角最广的鱼眼镜头

顾名思义，鱼眼镜头就是会导致直线变形，形成一个“鱼眼”形的环绕视角的镜头。鱼眼镜头在20世纪70年代很流行，它有两种设计：圆形（中间是圆形图像，背景是黑色的）和全画面。用鱼眼镜头拍摄得到的极端效果能够在一段时间内吸引人的注意力，使画面充满新鲜感，但用鱼眼镜头拍摄出的画面桶形畸变过于夸张，所以大多数摄影师只是偶尔使用鱼眼镜头。

## 移轴镜头和焦平面

移轴镜头和更复杂的移轴镜头都能够改变镜头与相机传感器的位置关系。普通镜头会在传感器上投射一个大小正好能覆盖传感器的圆形图像，但移轴镜头可以覆盖更大的范围，留出更多空间。当镜头向上或向下移动，会拍摄到场景的不同区域。这样做的主要目的是，在建筑摄影中保持垂直线的垂直。如果不使用移轴镜头，要想拍摄到整个高大的建筑物，就需

**上图：**使用的是尼康的固定光圈为f/8、焦距为500mm的镜面镜头，这款镜头小巧且便于手持，允许从几米远的地方进行近景拍摄。

要向上倾斜相机，这样会产生透视，建筑物两边的垂直线会向一点汇聚。有了移轴镜头，摄影师就可以向上移动镜头，不用倾斜相机也能将建筑物的上半部分纳入画面。倾斜相机时，焦平面会随之倾斜，因为焦平面是与传感器平行的。向上倾斜镜头，焦平面前移，原本清晰对焦的物体会变得模糊；靠近前景的物体看上去像是后移而处于稍远一点的背景中了。

## 超长焦镜头——肉眼视力范围之外

能够拍摄远距离的小物体的长焦镜头就是超长焦镜头，它们可以带给你惊喜。一般来说，超长焦镜头是指焦距约为500mm的镜头，不过并没有严格的界定，只是根据视觉感受而定。超长焦镜头通常又长、又重、又昂贵，要想用好它们需要先训练你的眼睛，让眼睛善于捕捉细节。超长焦镜头同样具有普通长焦镜头的特性，比如压缩、平面化，而且效果更为明显。

## 便于携带且便宜的镜面镜头

曾经很流行的镜面镜头又被称为“反射镜”“折反射镜”或“猫”。它在20世纪七八十年代最为流行，借鉴了卡塞格林望远镜（Cassegrain telescope）的光学原理，通过两个内置反光镜面来折叠光线，焦距为500mm～1000mm，形状有点像甜甜圈，可以柔化高光、降低对比度，所以一度很受欢迎。曾是纽约最受欢迎的广告摄影师——阿特·凯恩（Art Kane）曾称赞它可以“令人难以置信地柔化背景”，还说“这种镜头曾影响并改变我的视觉”。镜面镜头的主要优点是有固定的小光圈，一般是f/8或f/11。在胶片时代，如果使用这种镜头就需要充足的光线，不过这个问题已经被数码相机解决。它的另一个优点是既轻又便宜。



## 适用于弱光环境的快速镜头

对于现代传感器来说，高感光度设置可以降低对超大光圈的需求。但是当光圈为f/1.4或f/1.2时，它可以为快速镜头提供充足的明亮光线，同时能增大对焦的选择范围。因为添加了额外的镜片，所以快速镜头比普通镜头要贵一些，而且一般都很笨重。蔡司和施耐德等生产商推出的新一代高端镜头中就包括快速镜头，这种镜头可在光圈较大时取得最佳光学效果。

## 近距镜头和微距镜头

拍摄微小景物的细节意味着进入特写拍摄的世界，这种拍摄的关键要求是近距离对焦。高端相机的生产厂商在生产每组可替换镜头时都会保证至少有一个专用于特写拍摄的镜头，通过光学设计让摄影师能以足够近的距离对焦，放大物体在画面中的尺寸。例如，在数码单反相机上，一个只有24mm大小的物体就可以填满整个画面，也就是拍摄比例为1:1。24mm的1/2大的物体与画面的比例是1:2，1/3大的物体是1:3，以此类推。特殊的微距镜头最为理想，因为它不仅能近距离对焦，而且能保证在近距离拍摄时呈现出最佳效果。这是普通镜头在近距离拍摄时无法做到的。

不过，如果你有可替换镜头的相机，另一种更近距离对焦的方法是用一个普通镜头再加一个延伸环。这能增大镜头与传感器之间的距离，产生更近距离对焦的效果。下面的图表显示了3种延伸环对放大倍数的影响（以尼康相机为例）。比延延伸环效果更好的是折叠延伸管，它可以进一步放大，拍摄出比物体的实际大小更大的效果，进入技术上称为微观的领域。即使被称为“微距镜头”，它在高倍放大时，表现效果也会下降。解决这个问题的方法是使用反接环，它能让摄影师将镜头前后反转，然后连接到折叠延伸管末端。

我们将在下文中（详见第186页）介绍近距或微距拍摄涉及的景深问题。放大倍数越大，景深越浅，这是由光学原理决定的。例如，在1:1的放大倍数下拍摄一个小球体，很难保证全部小球都在聚焦范围内。

### 用延伸环增加放大倍数

| 延伸环 | 50mm镜头的放大倍数 | 85mm镜头的放大倍数 |
| --- | --- | --- |
| 8mm | × 0.16 | × 0.09 |
| 14mm | × 0.28 | × 0.16 |
| 27.5mm | × 0.55 | × 0.33 |

**左图：** 延伸环通过增大镜头与传感器之间的距离来放大景物。

**下页图：** 使用微距镜头拍摄通常会呈现出拍摄主体的抽象效果，在如此高的放大倍数下，极浅的景深会进一步凸显拍摄主体。

©John Long/iStock

# 光圈影响景深

**就像快门有两个作用（控制到达传感器的光线量和控制运动物体的表现状态）一样，光圈也有两个作用：一个是控制进入镜头的光线量，另一个是控制景深，即相机前的景物能清晰成像的距离范围。**



景深既可以很深，从前到后整个场景内的影像都是清晰的；也可以很浅，只有很小的一段范围内的影像保持清晰，其他范围内的影像都模糊不清。景深的定义听上去很容易理解，好像一句话就解释清楚了，但是当涉及拍摄时，情况会变得很复杂，我们更多时候需要思考的是"为什么"而不是"是什么"。

需要理解景深的第一个原因是，它是一种视觉效果，但我们的眼睛对于这种效果的经验非常有限。正常情况下，健康的眼睛看到的所有物体都比较清晰。如果你患有近视或远视（当代社会中，这类人口大约占总人口数的1/3还多），在不戴眼镜或没有其他辅助器材的，看某些距离的景物时会有一点模糊，但在视力范围内或看宏大的背景时，几乎不会出现平滑模糊的地方。这就是刻意制造的、漂亮的模糊效果如此诱人的原因——它超越了我们通常的视觉体验。

将光圈开到最大时，景深最浅；光圈最小时，景深最大。这种调整不会改变焦距，

### 光圈挡位

用来表示光圈孔径大小的符号是f，其后的数字越小，光圈越大。最大光圈是评价镜头的一个重要参数，因为镜头的最大光圈越大，它在弱光环境下的表现越好（不过价格也越高）。一般情况下，最大光圈为f/2.8。在使用机械镜头的年代，当你转动光圈环时，你可以上下调整，从而准确感知有多少光线进入了镜头。与快门速度一样（1/60秒、1/125秒、1/250秒），光圈也是呈级数增减的。同等级数地增大光圈、降低快门速度，或者减小光圈、提高快门速度，能获得完全一样的光线量。如今，由于数码相机的出现，光圈的挡位分级变得更细致，但是一直沿用以前的表示符号。

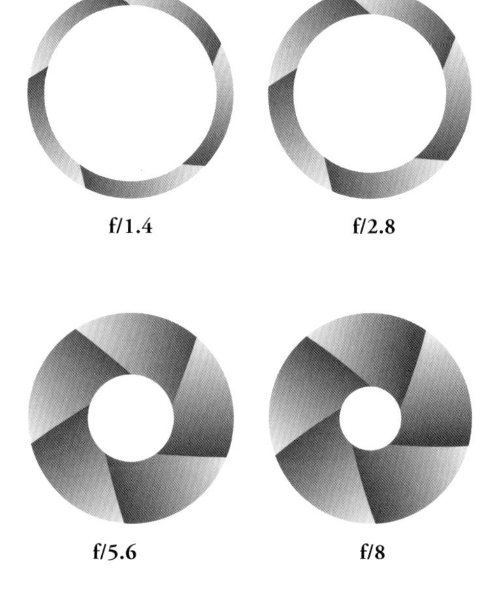

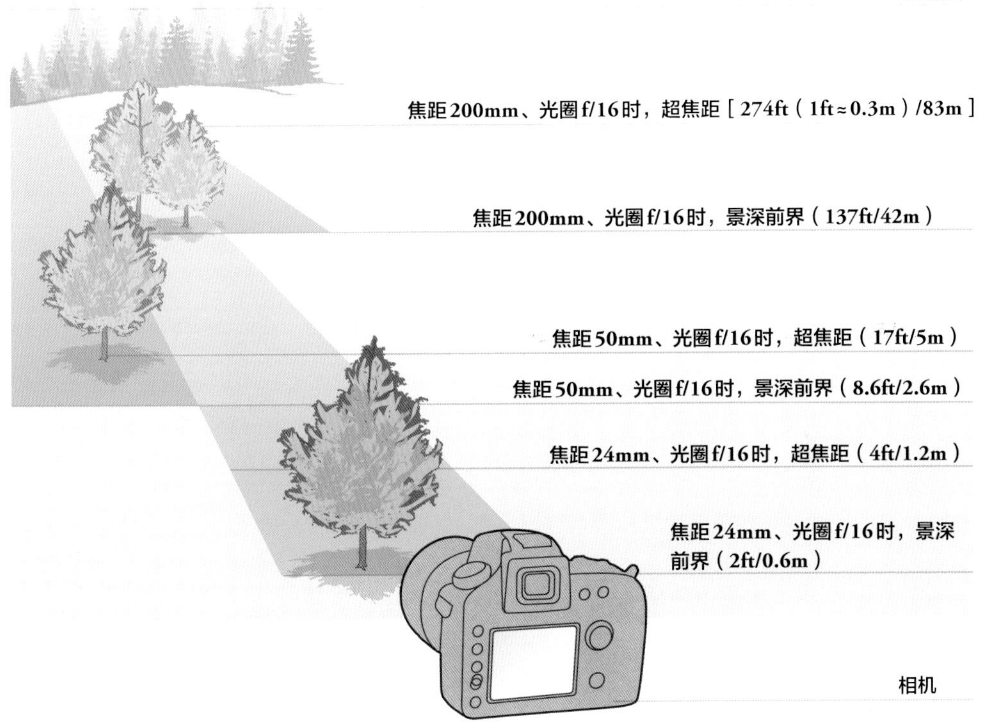


但如果使用长焦镜头来放大场景中的某个小区域，也会形成浅景深。景深还与传感器的尺寸有关。人类的眼睛在看东西时是全景深的，用手机拍摄时一般也是大景深，因为手机的镜头和传感器都比较小。由于景深是由机械控制的，而且是可控的，所以可以用它来凸显场景中最重要的景物，但还有其他很多方面也需要利用景深。通常，我们会将注意力集中到画面中最清晰的部分上，所以可以利用景深引导观众的视线，同时让一些不希望被注意到的景物处于失焦范围。总之，创意性地利用景深其实就是把玩对比——清晰和模糊之间的对比。我们将在接下来的内容中讲解这一点。

### 让大部分场景位于超远距

你可以把焦平面想象成你面前的一块又平又大的玻璃，它的厚度就是景深。浅景深就像一块薄玻璃，大景深就好像一块非常厚的玻璃。在一般的风景场景中，真正的焦平面并不位于正中位置，而是稍微靠近相机一侧，大约位于场景前1/3的位置。要想获得从地平线到相机的最大景深，焦点必须比地平线距离相机更近，否则会浪费一部分焦距。

# 对焦

**清晰对焦一直被视为拍照的第一个绝对必要条件。还记得当你抓拍到一个绝妙的瞬间，却在放大时发现它在不应该的地方有点模糊时的那种郁闷的心情吗？**



很难说你对准的拍摄主体到底应不应该非常清晰。从光学角度来看，对焦意味着改变镜头（其实更多的时候是指镜头中的镜片）与传感器的距离。镜片离传感器越近，焦点越远；反之，镜片离传感器越远，焦点越近。要想保证每次拍摄都不出错，可以使用精密的自动对焦功能。高端数码单反相机会使用预测跟踪这样的功能来确保拍摄运动物体时焦点自动随着物体运动。对焦的原理是既定的，是你无法改变的，不过你可以自己选择对焦的目标。此外，焦点与景深和光圈大小有着更紧密的关系。缩小光圈可以增大景深，在小光圈下，不太容易跑焦。

多数情况下，我们知道自己想要清晰对焦的目标是什么；但有时不同的对焦目标会给观众带来不一样的体验。当使用浅景深时，画面中会出现明显的清晰和模糊的对比，观众的注意力会本能地被清晰图像吸引。在视觉上，焦距能做的最令人满意的事情之一就是让图像中的不同平面清晰地分离，当然这也与个人的判断有很大关系。这样做的目的是通过清晰的边缘和柔和的背景这两者间的

**下图：**通常我们会将焦点放在位于前景的景物上，但如果改变这个惯例，将焦点放在背景的景物上，就可以制造出超出观众预期的效果，不过这要求前景既有一定程度的模糊，又能被识别出来。

对比来突出拍摄主体。需要控制的变量包括以下几个：景深、光圈、焦点、拍摄主体和背景间的实际距离。最后一个变量意味着你需要找到正确的视点，通常，你需要在拍摄主体后面寻找一个空白区域，这样远处的背景或多或少能产生相同程度的模糊。最极端的方法是使用快速镜头、大光圈，对准选好的目标对焦，这样就能产生只有焦点及其附近很小的一个区域内的景物是清晰的、而其他区域都虚化的效果。

**下图：** 拍摄这组景物时，可以对准不同的区域进行对焦，也就是说备选的焦点不止一个。在上层的照片中，焦点在黑莓上；在下层的照片中，焦点在蛋糕上。通过后期处理，在上层照片上擦出一个“洞”，让下层的清晰的蛋糕透过这个“洞”显示出来。

# 三脚架

**高感光度和防抖功能的出现并没有撼动三脚架的重要地位。在一般的弱光环境下，高感光度和防抖功能可能使我们用三脚架的频率低了一些，但另一方面，数码摄影带来了一些新的拍摄方式，这使得使用三脚架的机会又变多了。**



总的来说，对于大多数摄影师而言，三脚架仍然是一个重要的器材，而且与其他摄影器材一样，它也在最近几年中变得更加小巧、轻便和通用。

三脚架最重要的作用是保持相机稳定。现实中遇到需要用三脚架来稳定相机的情况比你想象的更多，其中多数是在使用慢速快门时。在弱光环境下，需要使用较慢的快门速度，如果快门速度慢于你能稳定手持相机的时长，就需要使用三脚架。日出前、日落后，或在室内，都是光线比较弱的环境。如果你需要使用较低的感光度来保证画面没有噪点，同时又需要使用小光圈来获得较大的景深，那么你也需要使用慢速快门及三脚架。

除了这些需要三脚架的基本情况外，现在有越来越多的时候需要拼接图像——将两三幅取景、构图完全一样的照片组合到一起。数码后期处理创造了一个新的拍摄种类——将不同的照片在电脑里叠加到一起。HDR是其中的一种（详见第92页），景深叠加是另一种（详见第88页）。不论是哪种类型，凡是需要将一个图像叠加到另一个图像上以组成新图像的情况（例如使用Photoshop的堆栈功能将场景中的路人去掉），都需要使用三脚架。

**左图：**左边的三脚架有3个操控杆，能让你非常精确地设置支架，不过它同时也非常烦琐，需要非常细心。右边的球头三脚架可以在各个方向上自由旋转，可以更快速地进行设置，不过精准度不高。

**本页图：** 三脚架的种类很多，从小型便携款（例如宙比Joby Gorillapod）到稳定度高的专业款（中间的是碳纤维材质）。最右边的单脚支架具有很高的灵活性，可以快速完成设置，不过代价是损失一定的稳定度（你必须一直扶着相机）。你可以看到，最下端的曼富图（Manfrotto）三脚架的中间柱可以旋转90度，这能帮你从一些高难度的角度拍摄。

### 使用三脚架的多种情况

- 快门速度低于相机抖动阈值；
- 多种拍摄技巧，例如HDR、景深叠加；
- 对取景范围的要求完全一致时；
- 延时摄影，例如拍摄日出和日落；
- 高难度的视角，例如倒着拍摄或在接近地面的高度拍摄；
- 遥控拍摄；
- 相机较重时。

# 辅助器材

**除了三脚架，下面介绍的一系列器材都有助于你的拍摄，你可以根据自己的需要和喜好或者经济承受能力，选择并添置。**

摄影的辅助器材种类繁多，它们的设计科学合理，实用性较强，所以你很容易沉迷于研究和购买这些器材。不过你最好能区分什么是拍摄所必需的，什么是可有可无的。特别是对于喜欢徒步拍摄，而不是在影棚里或习惯开车去拍摄的人来说，最好保持器材的精简。

数码摄影的一个优点就是那些过去需要配件才能实现的功能，现在都逐步被内置到相机里了。例如，水平仪被虚拟的地平线代替，手电筒（为了在晚上能看清相机设置）被背光显示屏代替。还有，数码相机上的各种端口，从USB到HDMI，都是开放端口，可以连接任意第三方生产厂商制造的产品，那些产品可能是连你自己都没想到会需要的。

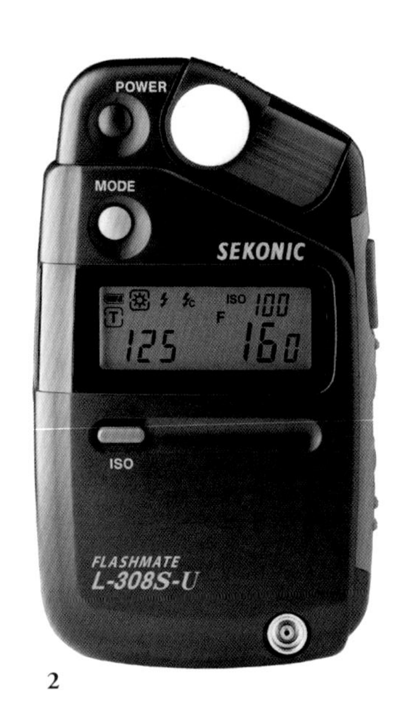

2

1

3

4

5

6

## 我们仍然需要测光仪么？

所有的相机生产厂商都努力保证自家的相机具有良好的曝光能力。在这种情况下，你可能会想：为什么还有人使用手持测光仪（在过去，所有专业摄影师都会用它）？原因是，测光仪可以测量入射光的数值，也就是说，可以测量落到传感器或拍摄主体上的光线，而不是光线本身的亮度如何。相机上自带的测光仪测量的是从场景反射出来，即进入镜头的光线。当拍摄主体比场景内的平均亮度高很多或低很多时，例如拍摄雪地上的黑猫时，相机自带的测光仪就无法测得准确结果。智能测光（详见第18页）用巧妙且复杂的方式解决了这个问题。但其实，最简单的方法就是忽视拍摄主体的亮度，只测量光线的亮度。将一个半透明的塑料圆顶安装到手持测光仪上，将其对准相机，测光仪就能给出一个排除了场景亮度变化的读数。总而言之，测光仪仍然是所有摄影师工具包中必不可少的一个配件。

7

8

**上页图和左图：**

1. 一个双电池充电器可以将电池充电的时间减半，而且这样你就不必在其中一个充满后，取下它换上另一个。
2. 测光仪使闪光灯计算输出量时变得轻而易举。
3. 便携式电池可以随时随地给小型相机补充电量。
4. Eye-Fi公司的无线传输记忆卡可以通过Wi-Fi信号轻松将图像传输到手机或电脑上。
5. 将遮光罩安装在液晶显示屏上，就可以在解决在强烈的日光下看不清液晶显示屏的难题。
6. 一块超细纤维布就可以让你的镜头保持干净，并减少划痕。
7. 滤镜套可以让你将较大的滤镜安装到较小的镜头上，这样可以节省时间和金钱。
8. 可变式ND滤镜可以将多种过滤强度融合在一个滤镜内。

# 照明

**多数时候，我们会利用已有的光线条件拍摄，包括各种状态下的日光和街道或室内各种各样的人造光。这些光线是摄影师无法控制的。**

有一些光线是摄影师可以控制的。摄影师布光常常是为了取得自然光的效果，但有时是为了创造一种独一无二的风格——这一点是在现实世界中可以做到的，例如可以用便携式闪光灯充当光源；或者为了更好地控制光线，可以在黑暗的影棚里添加光线。

由于光线是主要的摄影要素，所以毋庸置疑，可供选择的灯具、照明配件比其他摄影器材多得多。各种各样的灯具、不同作用的支架、不同形状的灯罩、各种类型的漫射和反射材料……所有这些占据了摄影器材中最大的一部分。不同设备对光线质量有不同的影响，即使有些很难察觉。它们的区别在于对光线漫射或聚集的程度不同；光源的形状、大小不同；光线形成的阴影深浅、浓淡不同，以及其他与光线质量有关的方面。

这些有细微区别的选项的存在是很有必要的。例如，在室外拍摄时，会遇到各种各样的光线情况，摄影师已经习惯于见到这么复杂的光线效果。在室内布光时，可能会遇到光源照明角度受限，达不到摄影师所需要的范围的问题。丰富的可供选择的照明设备增强了摄影师对拍摄主体的控制力，并能够有针对性地解决问题。

**上图：** 专业闪光灯不仅可以提供多种手动操控选项，还可以与生产厂商的整个闪光设备系统兼容，例如上图所示的尼康闪光设备系统。



## 相机闪光灯

相机机顶外接闪光灯几乎算得上是应用最广泛的照明设备了。不过由于它只是相机正面的一个光源，所以其光照范围有限，比较适用于新闻报道和无法控制整体照明条件的即兴场合，很少用于正式肖像照和静物摄影。相机机顶外接闪光灯的优点是便携、自动，可以在需要时立即提供照明。不过，其缺点是光线不够柔和，光源比较小。它还存在另外两个问题。第一个问题是光线是从相机上发出的，所以只有在某个距离范围内才能获得适当的亮度，如果离相机太近就会过度曝光，离相机较远又会曝光不足。这可能导致画面的前景过度曝光，而背景因接收不到光源照射而变得非常暗。所以有机顶外接闪光灯的数码相机通过多种方法来克服这一缺点，例如通过测量相机到拍照主体的距离，或者改变光束发散的范围，让其与景深匹配。第二个问题是这种平面照明不能满足所有拍摄主体的需要，而且容易产生“红眼”效应（由视网膜反射闪光形成）。虽然有时机顶外接闪光灯的光线可以在紧急情况下完成凸显拍摄主体的任务，但通常情况下，它的那些缺点是会影响拍摄效果的。

机顶外接闪光灯的主要用处是保证在暗光环境下也能完成拍摄。在新闻摄影中，清晰地记录拍摄主体通常要比有创意重要得多。如果相机的机顶外接闪光灯是捕捉主体的唯一方法，那么可以姑且忽略它在美学方面的不足。机顶外接闪光灯还可以用来补光——降低高对比度场景中的阴影的浓度。例如，在背光情况下，拍摄主体通常有较高的对比度，如果阴影处的细节很重要，就需要一些额外的光来给阴影区域补光。让闪光灯在相对较低的输出值下补光的效果最好，这样既可以弱化阴影，又不会与主光源争夺注意力。在日光环境下，典型的闪光灯与日光比率大约是1/3或1/4，不同型号的比率略有不同。

为了解决机顶外接闪光灯光型扁平、光线不够柔和、只有正面光的问题，可以采取将闪光灯从相机上取下的方法。如果附近有大型、亮色的物体，例如白色的天花板或者墙壁，可以将闪光灯对准这些物体的表面，让这些表面充当反光板或柔光板，从而让闪光灯发出的光线反射到而不是直射到拍摄主体上。这也正是闪光灯头被设计成能够倾斜和旋转的原因。还可以将它与其他通过红外线或射频连接的闪光灯组合，获得多重照明效果，不过这时我们需要处理的就不只是一个闪光灯了。现在，新一代专用闪光灯可用于多种场合，无须电线就可以创建复杂的照明环境。

©Lbusca/iStock

©Dzalcman/iStock

后帘同步是机顶外接闪光灯一个非常实用的功能，它可以让闪光灯在设定的时间亮起，例如在长曝光摄影时，闪光灯可以在长曝光快要结束时亮起。其目的是将环境光（在相对较暗的环境下）与闪光灯照射下的清晰景物结合起来。当闪光灯定格某个动作时，不论是拍摄主体的动作还是相机的动作，效果都是引人入胜的。

**上图：**这个关于后帘同步的例子展示了如何在一张照片内，既能拍摄到模糊的动作，又能捕捉到清晰的形体。

**上页图：**在拍摄动作时，闪光灯实际的服务对象是快门。这里使用的光圈很小——只有f/14，感光度设置为ISO 50，快门速度是1/200秒，这个速度比较慢，不足以捕捉到拍摄主体的清晰影像，所以真正捕捉到拍摄主体的是在适当时机亮起的闪光灯。

## 影室灯

乔•麦克纳利（Joe McNally）说过，相机闪光灯只是简单的辅助器材。不过，总体来说，布光是针对影室灯而言的。不论是肖像摄影还是静物摄影，都有大量可供选择的照明设备，总有一款能满足你的需要。影室灯是一种非常专业的器材，而且这些器材价格不菲，不过也有一些物美价廉的品牌。首先要选择的是光源的类型，现在的光源类型比以前丰富很多，不过闪光灯和持续光源之间仍然有一些本质区别。

曾经，大功率闪光灯是无可争议的影棚照明之王，其中一个重要原因是胶卷的反应速度比较慢（例如感光度ISO 50），同时在影棚内拍摄经常使用非常小的光圈（例如f/32和f/45）。数码相机改变了这一切，因为数码相机可设置的感光度更高，减少了对大光线量的需求。所以，现在持续光源成为更多摄影师的首选。持续光源的最大优点是可以准确观察到照明效果，不用依靠猜测或者经验。一些能提供持续光源的灯具需要添加光线调节设备，但有些不用，因为它们已经将调节设备内置到灯具中。因为在影棚中，调节设备是影响光线质量的关键，所以我们将在下文中介绍这些预安装调节设备的灯具。

### 影室闪光灯

闪光灯能独立完成的一件事是定格动作。如果这是你配备闪光灯的理由，那么你就不用选择其他设备了。多数现代闪光灯都是独立的（单灯），虽然它们比相机机顶外接闪光灯更大、更笨重，但依然很容易安装、固定。生产厂商在设计它们时，就考虑到了它们与调节设备的适配性，所以它们可以轻松与调节设备连接，除了裸灯泡的闪光灯。

| 优点 | 缺点 |
| --- | --- |
| 能定格动作 | 无法提前准确预览 |
| 不会发热 | 较难与周围环境融合 |
| 光线质量与日光相似，可以与其他光源混合使用 | |

### 钨丝灯

以前，只有钨丝灯可以提供持续光源。钨丝灯的色温在3200K左右，比色温在5000K左右的正午日光更偏橘色。这种灯会发热，特别是在持续照明一个小时以上时会很烫，所以不适合在其上覆盖遮光罩或其他光线调节设备。在拍摄会融化的物体时（例如冰激凌），也不能使用钨丝灯，它的热辐射会影响到拍摄主体。不过，相对于钨丝灯的尺寸，它的光线输出率很高，所以可以将钨丝灯做得小一点，让它充当聚光灯或用它制造光束。几十年来，它都是电影工业中的主要光源，有各种各样的尺寸和样式，光源颜色从红色到金黄色都有。

| 优点 | 缺点 |
| --- | --- |
| 输出率高 | 会发热 |
| 比较便宜 | 因为会发热，所以不能使用散热能力差的封闭式配件 |
| 种类繁多 | 需要凝胶才能与日光融合 |

### 荧光灯

荧光灯的出现，主要依赖于涂层技术的发展。现在，荧光灯技术已经非常成熟，所以灯管比较便宜。由于灯管、灯带比灯泡的面积大（灯管通常会并排排列，形成区域光），所以荧光灯发射出的光线量也非常大，而且比钨丝灯或镝灯的光线柔和。

| 优点 | 缺点 |
| --- | --- |
| 不易发热 | 重 |
| 色温与日光相近 | 体积大 |
| 亮度高（比钨丝灯亮4倍） | 输出率没有镝灯或钨丝灯高 |
| 光线比镝灯柔和 | |

### LED灯

最新型的持续光源是LED灯，这种灯的灯泡通常只有5mm大小，呈圆形，一般是以灯带的形式一排排使用。当它近距离照射物体时，会投射下多重阴影，所以为了弱化阴影，需要在灯具前添加一个半透明的柔光板。有些型号的LED灯自带半透明的柔光板。

| 优点 | 缺点 |
| --- | --- |
| 不易发热 | 价格比较高 |
| 亮度高 | 目前还无法像荧光灯那样大面积排列 |
| 可以调节色温 | 由一个个点状光源组合而成，需要通过柔化消除点状光的效果 |
| 重量轻 | |

## 镝灯

镝灯是指金属卤化物灯，它是一种发光效率高、光线质地较硬，尺寸比较大、重量比较重的持续光源。这种灯与钨丝灯相似，都会发散出硬质光线，不过镝灯的色温与日光相近。使用时，需要对它的电源给予特别关注，因为电源镇流器必须是无闪烁的。

| 优点 | 缺点 |
| --- | --- |
| 不易发热 | 笨重 |
| 色温与日光相近 | 需要无闪烁的镇流器 |
| 亮度高（比钨丝灯亮4倍） | 结实 |
| 硬质光线 | 价格高 |

## 光线调节设备

前文中介绍的所有灯具几乎都不能直接当作光源使用，而是需要经过调节和处理才能充当光源。调节和处理的目的是控制光线质量（详见第130页）。有一些灯比较特殊，它们自带调节装置，例如菲涅尔的槽型聚光灯。

通常，调节设备可以调节和处理出4种光线：制造更柔和、更广泛的漫射光线；用不同材质的物体表面反射光线，制造可以淡化阴影的光线；遮挡部分光线；汇聚光线，增强光照强度，增加光线硬度。在这4种光线中，漫反射光线用得最多，因为柔和的光线最适合用来表现拍摄主体，也最受人们喜爱。

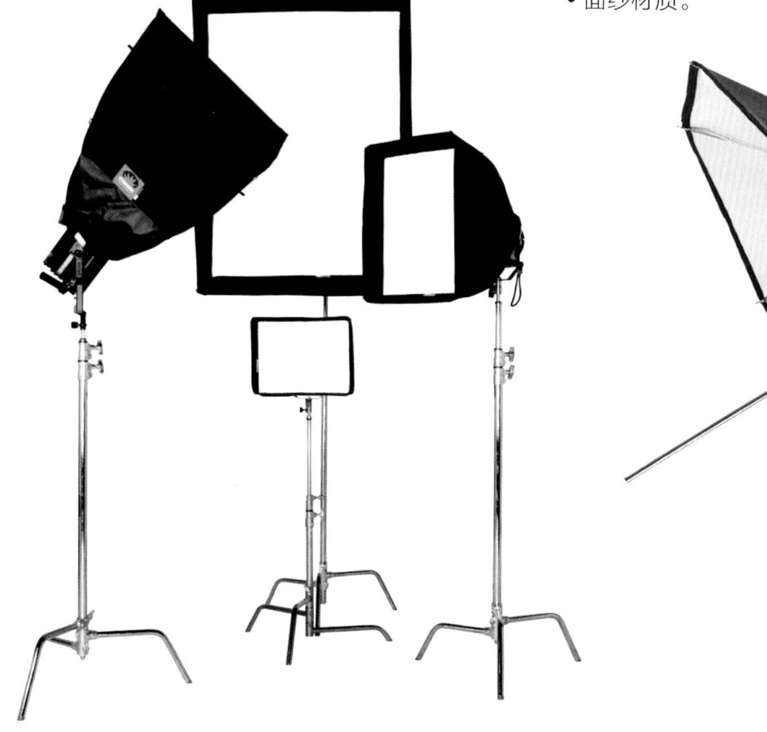

### 漫射

在灯泡前面一定距离处放置一块半透明材质的柔光板，就可以将点光源变成漫反射光源，也就是说，光源的尺寸从灯泡大小变为柔光板大小。柔光板最常用的材料是半透明的有机玻璃、白色织物（例如棉布、帆布或薄纱）、磨砂玻璃、描图纸等。所有这些材料都可以降低光线的强度，增大光源尺寸。

- 区域光。
- 半透明材质（为了让光线透过）。
- 漫反射 。
- 蜂巢或束光筒（都是黑色的，有硬质的，也有织物材质的）。
- 纱布、棉布或丝绸材质（通常是将这些材料固定在一个外框上，这种柔光板可以自制）。
- 面纱材质。

## 反射

另一种增大光源尺寸的方法是利用反射（不过这不是反光板的唯一作用）。反射后的光线通常比从同一光源直射出的光线弱，但如果反射器材的表面又白又大，反射效果就会很好。例如，将灯具对准白色的天花板和墙壁，就能产生几乎无影的照明光。

- 碗型或帽型（又被称为“美容光”，具有漫反射效果）。
- 泛光（例如泛光反光器材）。
- 可折叠反光器材（可以手持）。
- 反光伞（影棚中最常见的反光器材之一，其内部的反光表面有多种类型，包括白色和银色的）。
- 反光板（通常是白色的、聚苯乙烯材质的厚卡片，可以自制）。
- 可滚动平板（安装在轮子上）。
- 柜型（反光面是平的，在侧面和顶面添加了遮光板，防止光线溢出，适用于拍摄全身照）。
- 铝箔反光面（用处较多，可以自制，可以通过弄皱来增强柔光效果）。
- 镜面反光器材（在静物拍摄中用于局部补光或聚光的小型设备）。

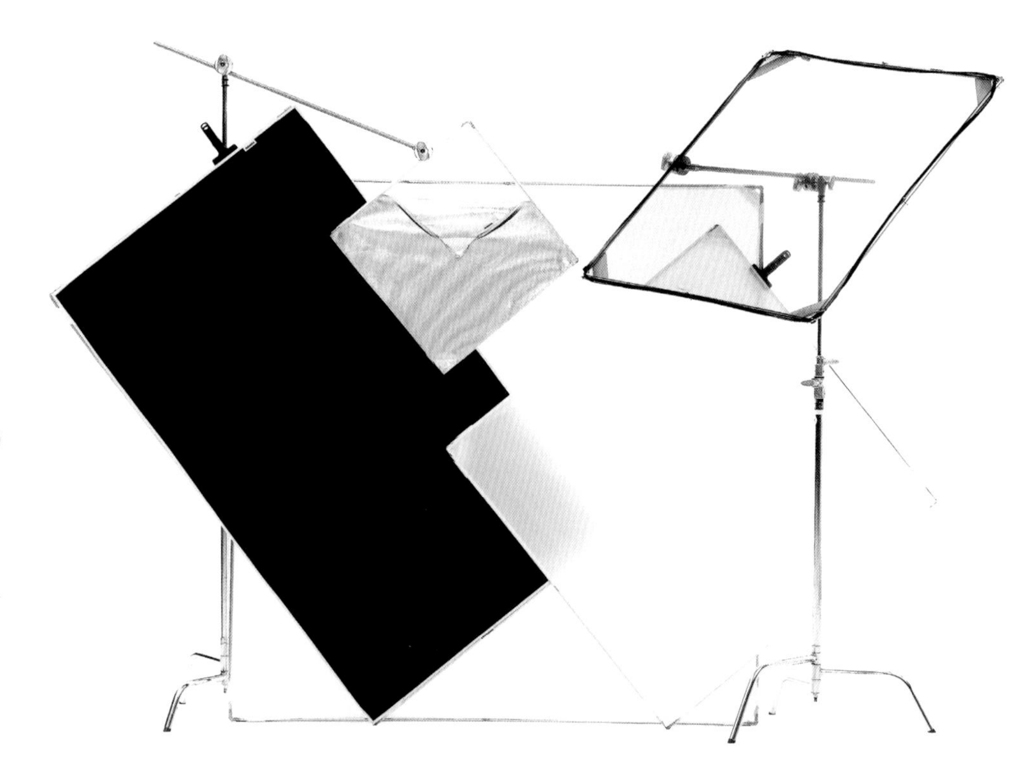



## 遮光

一般情况下，遮光器材是用黑色材质制成的，用于遮挡部分光线，有不同的尺寸、不同的形状。

- 旗状遮光板（通常是黑色的方形，也有圆形、长条形或其他形状的）。
- 黑色薄纱（通常是将薄纱固定在框架上）。
- Gobo（英文：Go before optics有镂空图案的模板，可以控制灯光形状和投射的阴影形状）。

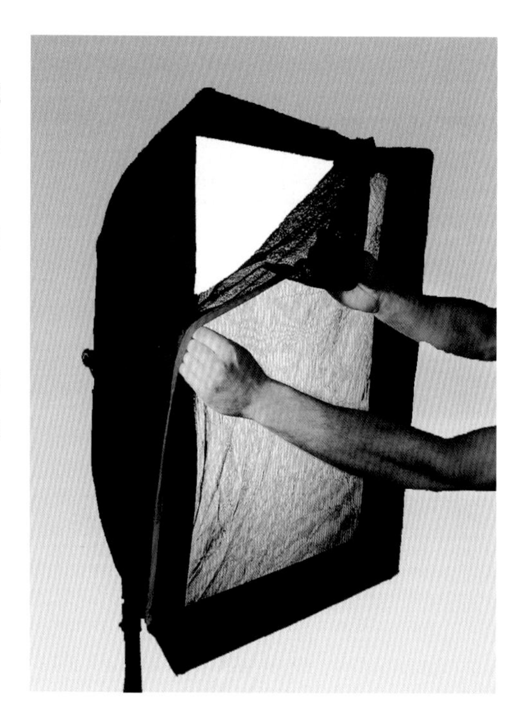

## 聚光

与漫射相反，聚光是将光线汇聚成一个更小的光源，形成点光源，制造清晰、明确的阴影。透镜形成的汇聚光是最精准、可控的。

- 锥形束光罩（最简单，不过精准度不高）。
- 开合挡板（遮挡灯泡发出的光线）。
- 菲涅尔聚光灯（使用最为广泛，由菲涅尔透镜，又被称为螺纹透镜和球面反光镜组成。菲涅尔透镜是一片有许多同心环状凸起的薄透镜，可以汇聚光线。这种灯最初只能安装钨丝灯灯泡，现在也可以安装荧光灯灯泡和LED灯灯泡）。
- 透镜聚光灯（又被称为光学聚光灯，可以精准地汇聚和控制光线的形状和范围。这种灯也常被应用在舞台上，就是我们所熟知的追光灯）。

# 灯具支架

## 标准支架

对于大多数摄影专用灯具而言，标准的灯具支架是三脚架。通常，布光时会将它放置在拍摄主体3/4侧上方的位置。随着灯头高度的改变，光线质量也会变化，所以需要不同尺寸的三脚架。有滚动脚轮的支架最容易移动，可折叠支架可以在不用时收起，可收缩支架可以保持灯具在高位时的稳定。

## 配重支架

这种灯具支架可以随意改变位置，既可以升得很高，也可以收得很低。配重支架既可以沿着支管滑动，改变位置；又可以增加或减少重量。在移动配重支架时需要注意其稳定性，否则它们可能会翻倒。

## 安全索

如果在灯具上安装了比较重的灯泡或灯罩，建议使用线缆或强力尼龙绳将灯与天花板或墙壁连接起来，这样能起到很好的加固作用，防止灯具倾倒或掉落。

## 延长臂

一种可以连接到标准支架的锁环上的杆子，让灯头可以向下照射。

### 伸缩吊臂和天花板导轨

伸缩吊臂是一种安装在天花板导轨上，既可以手动操作，也可以电动控制，以调整灯具从天花板垂下的距离的配件。这些工具可以将灯具悬挂在天花板上，节省地面空间（所以天花板电源插座很有用）。这些工具最适合用来固定大型灯具，其位置一般在头顶上方。

### 墙壁支架

一种可以固定在墙壁上，并且可以左右转动的简易支架。

### 弹簧延伸杆

一种可以伸缩的杆子，两端都包裹着防滑材料。其内部有强劲的弹簧，可以将它牢牢地固定在地面和天花板之间。

### 多灯排架

可以将多个大型灯具安装在头顶上方的灯架。它的制作方法简单，可以自己动手制作：将一根杆子水平固定在两个普通支架上，然后将灯具固定在其上。这种支架适用于拍摄景物，因为它可以同时从多个方向投射光线。

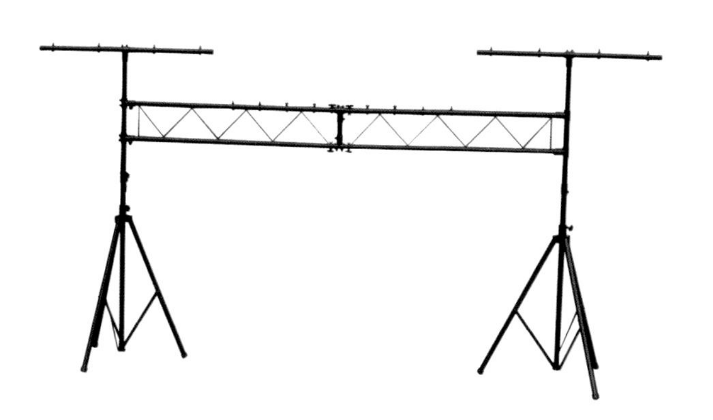

# 轻装上阵

**如今的摄影器材种类之多，前所未有，不论是相机、镜头还是辅助器材，都有各种各样的类型和款式。而且，生产厂商们都声称“每种器材都有助于拍摄”，所以越来越多的人患上了“器材党综合征”。**



拍摄时，你真正需要的器材有多少？当然，这与拍摄类型有紧密关系，影棚拍摄与街拍对器材的需求完全不同。

一条有用的原则是：够用就行，不要太多。也就是说，你需要根据自己的实际需要，有选择地购买摄影器材（特别是镜头），不要加重自己的负担。你如果需要在室外行进数个小时，就会知道轻装上阵的重要性了。与其按照生产厂商的建议购买（他们总是会让你多买），不如清楚地了解一下自己的实际需要，看看自己一般是怎么拍摄的。

- 你通常是有计划地拍摄还是临时起意？
- 在室外拍摄时，你一般是徒步还是开车？
- 一个机身够用吗？
- 如果只用一个镜头，可以完成几成的任务？

不同的人对于这些问题会有不同的答案，所以清楚地知道自己需要带什么、怎么带就显得非常重要——适合你的才是最好的。生产厂商的推销和建议虽然听上去很专业，但只能是辅助性的，你还是要依据自己的实际需要做出判断。以下是一些你应该问自己的实际问题。

- 你是否确实需要两个机身，还是说另一个只是备用？

关于是否应该携带两个机身，人们有两种观点：第一种认为携带两个机身，就不用在同一机身上来回更换镜头，可以放下一个后立即拿起另一个配有不同镜头的相机，这样省时省力；另一种认为不同传感器具有不同的能力，例如在拍摄风景或建筑时，应该使用分辨率更高的机身。

注意，同时使用两种相机系统进行拍摄，几乎是不现实的。最好选定其中一种（例如数码单反相机或者无反相机），并坚持使用这一种。

- 你通常喜欢拍摄什么样的主题，这种类型的摄影需要什么样的镜头？
- 你需要使用特殊镜头或三脚架的概率有多大？当遇到需要特殊镜头或三脚架，而你又恰好没带的情况，你是否能承受错失拍摄机会的后果，或者能否克服困难完成拍摄？

### 实际情况

如果到达拍摄目的地是旅程中很重要的一部分，那么将摄影器材打包好，然后等到达目的地后再打开包裹会更安全。防水和防撞是关于相机包质量的最重要的两个方面。相机包一般用聚丙烯或其他高抗压性塑料材质作为内衬。相机包的尺寸一般符合国际航空运输协会的标准。

- 从实际情况来看，你觉得是用相机带来背相机舒服，还是背着相机包更舒服？

## 携带选择

### 简单的带子

- 通常可以挂在肩上或脖子上，有些也可以系在腰上。
- 可以与肩包结合，将相机和镜头放在带子上，其他物品放在包里。

### 吊带

- 一般可以将相机挂在上面，然后斜挎在肩上，大约在双手下垂时手部的高度。

### 带子和底托

- 可以减轻肩部的压力。
- 机身可以放进相机套中。

### 胸部安全带

- 也由带子组成，但是可以将重量分配到双肩。

### 相机套

- 类似于带子，不过对相机有更好的保护作用。
- 没有带子那么方便。

### 肩包

- 最为常用。
- 有造成肩膀劳损的风险。

### 背包

- 款式多样，有各种打开方式的，其中，顶部拉链式的背包是最受欢迎的。
- 最适合边走边拍的情况。
- 可以在恶劣天气或易受潮的拍摄环境下（例如在船上）提供全套设备保护。

# 工作流程

**摄影中的“工作流程”一般是指处理一幅图像的顺序，包括从相机导出到调整画面，再到储存、分类、展示。其实，工作流程并不复杂，按照有序的步骤完成即可，而且你可以根据自己的拍摄方式来安排这些步骤。**



如果你在室内拍摄的概率比在室外拍摄更高，那么在工作流程的细节上会有些区别。也就是说，你如何处理图像文件取决于你的拍摄风格或类型。没有哪一种工作流程适用于所有的情况，适合所有的人。

## 工作流程硬件

### 电脑

处理图像时，既可以使用笔记本电脑，也可以使用台式电脑，前者的便携性更高，性能更好，所以可能更常用一些。随着科技的发展，我们甚至逐渐能够使用平板电脑完成基础的导入、标记、画面调整等任务，让你不论是在野外还是在旅途中都能推进工作流程。不过，即便如此，你还是必须配备一台专用电脑。

### 读卡器或USB

大多数人使用读卡器将照片从相机存储卡中导入电脑或硬盘中，但有一些电脑本身就有内置的读卡接口，所以可以直接将存储卡插在上面。还可以使用USB线将相机与电脑连接起来。

### 移动硬盘

这是最常见，也是最基础的存储设备。移动硬盘通常很小，便于携带，多用于临时备份（例如在室外拍摄一整天）或大量的永久文件的备份（例如在影棚或家里拍摄的图像文件）。

**磁盘组**

电脑的硬盘不是理想的存储空间，因为它的空间有限，而且有崩溃的可能性。如果使用的是笔记本电脑，那么电脑被偷窃的风险很高，所以更不适合。最安全、专业的存储设备是磁盘组（RAID）。RAID是“独立磁盘冗余阵列”的英文缩写，它由多个硬盘组成，可以把相同的文件存储在多个硬盘中的不同的地方。所以，根据你选择的配置，如果任何一个硬盘发生故障，仍可读出数据。你可以选择冗余级别，但通常需要为此留出总空间的1/4。Drobo磁盘类似于磁盘组，不过它有自己的专有系统，而且其硬盘是可“热插拔的”。

**云存储**

云存储（NAS）可以远程访问图像（你以及你所指定的任何人），同时也是保存备份文件的另一个安全选择。云存储让你可以设置自己的远程存储，确保它在你的直接控制下，而且价格合理。很多NAS服务器基本上都是价格较低的计算机，带有两个或多个硬盘，它们可以直接与你的Wi-Fi相连接，不同设备都可以访问它，包括你的笔记本电脑。

## 工作流程软件

完成工作流程最简单的方法就是用流程软件完成全部或大部分步骤。Adobe公司的Lightroom是综合性最强的工作流程软件之一，包含了从调整图像到发布的各个环节。排在第二位的是Capture One和DXO Optics Pro，不过这两者在图像调整方面的表现比Lightroom更为出色。另一个完成工作流程的方法是用不同的软件分别完成每个步骤的工作任务，例如先用Photo Mechanic下载和添加文字，再用Photoshop调整图像，最后用Media Pro对图像进行分类。

### 存档和备份

存档设备是指你用来存储文件，并能够轻松调用，对文件进行处理、查看、发布等操作的存储设备。一般情况下，人们选择用磁盘组作为存档设备，不过具体还是根据需要存档的文件量来选择存档设备。你可以用不同的文件夹分别存储原始图像（RAW格式文件）和已处理/编辑的图像。备份是为了保证照片的安全，而不是为了使用。你应该在至少两个地方分别放置一个备份设备（通常使用外部硬盘），这样即使其中一个位置出现意外情况而导致存储设备受损（例如火灾、洪水或其他灾难），另一个也不会受到影响，从而可以保证文件的安全。

## 工作流程模板

**第一种：处理一天的照片的方法**

- 在完成一天的拍摄任务后，将照片从相机存储卡中通过电脑导入用于存档的存储设备（例如RAID）。
- 根据你自己的喜好，按照一定的规律给照片重命名。
- 按照IPTC元数据要求添加照片的相关信息，例如关键字、位置、说明。
- 将经过重命名和添加了说明的照片复制到备份硬盘中。
- 浏览并挑选出质量较好的照片。
- 对选中的RAW格式文件进行调整处理。

**第二种：处理一周（或更长时间）的照片的方法**

- 每天晚上，将照片从相机存储卡中导入笔记本电脑。
- 根据你自己的喜好，按照一定的规律给照片重命名。
- 按照IPTC元数据要求添加照片的相关信息，例如关键字、位置、说明。
- 将经过重命名和添加了说明的照片复制到至少一个备份移动硬盘中，如果是两个会更好。
- 用格式化的方法删除相机存储卡中的照片，不过要确保已经将存储卡上的照片全部导入电脑，并全部完成备份。
- 如果有时间，选出当天的好照片，并对其进行调整处理。

**第三种：影棚或家庭拍摄**

可以参考第一种，不过要考虑联机拍摄（相机与电脑连接，在拍摄时照片直接同步导入电脑，省略了将照片从相机存储卡导入电脑的步骤）。

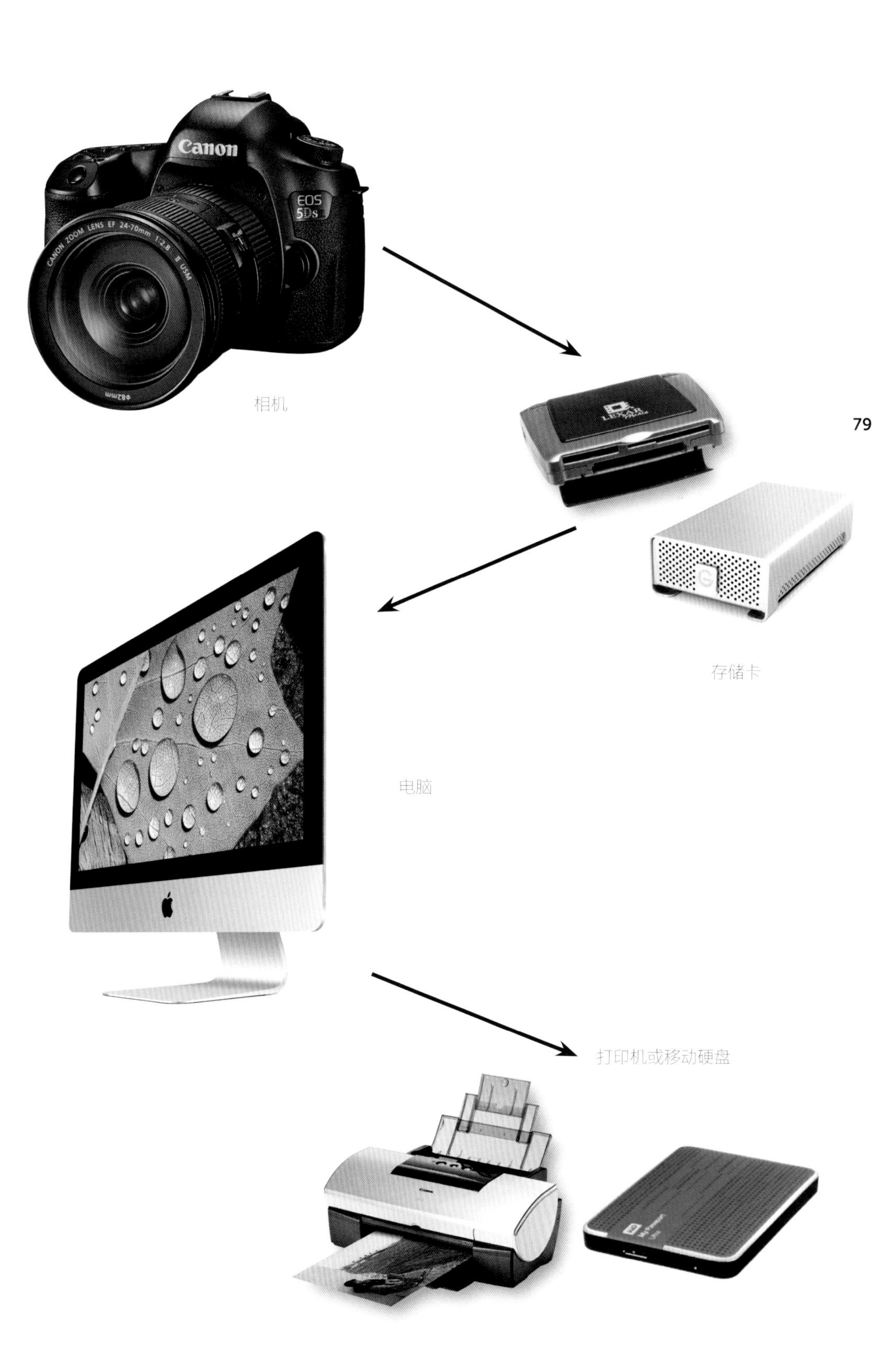
Canon
EOS
5Ds
相机
存储卡
电脑
打印机或移动硬盘

## 文件名和文件夹

可能在你意料之外的是，组织管理照片过程中的一项必不可少的重要任务与电脑和软件的关系不大。你只需要在头脑里想清楚，自己打算如何安排那些照片，就算是完成了重要的判断，当然，你也可以在纸上安排设计。首先要做的决定是将这些照片放在电脑或存储设备的哪个位置。这也意味着，你需要在某个文件夹内再新建一个或几个文件夹。其次需要做的决定是命名。给文件夹起个名字，这个名字最好既能概括你已经拍摄并打算放入这个文件夹内的照片，也适用于存放那些你有计划但还没拍摄的照片。

管理文件夹的典型方法是采用树状结构——母文件夹里是低一层级的子文件夹，具体如何设置取决于照片的类型。两种最为常见的方法是按照地点和拍摄主体命名。如果你的拍摄主体很特别，那么就可以用它来为文件夹命名。一般来说，以地点命名的文件夹可以按照大陆 > 国家 > 地区的结构层级设置，而根据拍摄主体命名的文件夹可以按照自然 > 微距 > 昆虫的层级设置。

至于单个图片的命名，请与文件夹结构保持不同，例如，可以按照时间 + 地点的方式来命名。可以给单个图片的文件名上添加简单的标题。或者想象一下，不熟悉你的文档的其他人会如何搜索想要的图片。只要你合理地给图片命名并编写基本的关键字，任何人都可以使用搜索功能搜索到想要的图片。

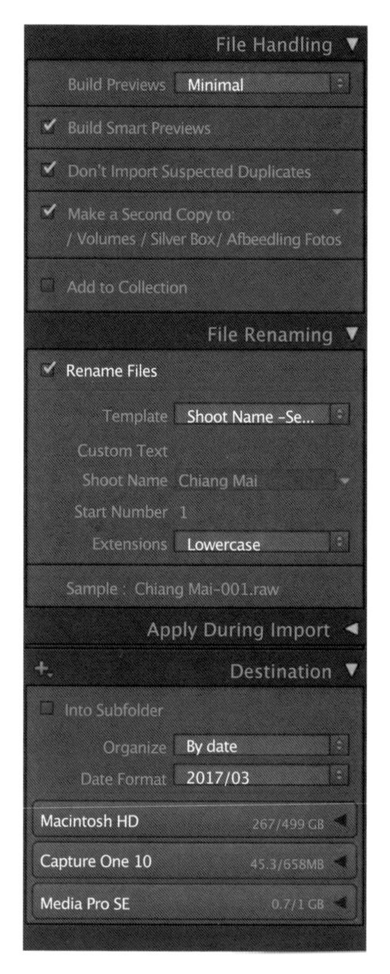


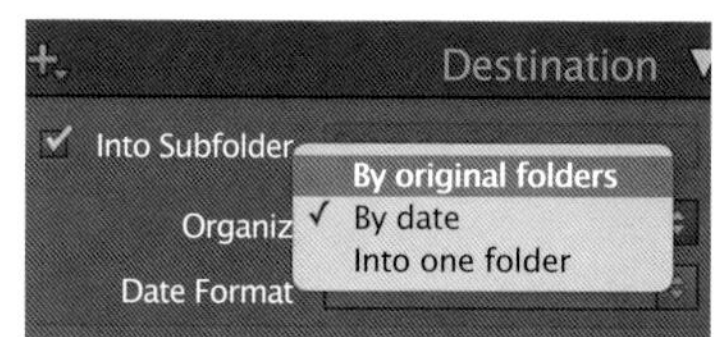


**上图：** Lightroom 的这个文件处理导入界面显示了如何在导入文件时重命名文件。这个功能可以自动完成处理，并能规范文件命名。

上图：将已下载到笔记本电脑上的文件备份到两个外部驱动上，给文件加一个“双保险”。

## 备份

数字信息很容易丢失，例如，你可能会不小心删掉文件，也可能不小心改写文件，即使是性能良好的电脑和驱动偶尔也会发生故障。我们很容易忘记备份文件，忘记将它们存储到别的设备里——不过，如果你设想一下照片永远丢失的心情，就不会忘记备份了。记住，你能说“它从来没有发生过”的机会只有一次！

将照片保存在电脑以外的设备上是件很重要的事情，最简单的方法是存储在移动硬盘上。有专门用来备份的软件，而且很多电脑自带这种功能，当然通过复制—粘贴手动将文件复制到移动硬盘上也很简单。所以，不要等待，要立即完成备份，否则就有可能忘记。

备份的一般流程如下。

- 将照片从相机或存储卡中下载到电脑的硬盘上。如果可以，尽快连接上单独的存储设备，例如RAID或Drobo。
- 将这些照片复制到另一个硬盘中。这是第一个备份。
- 在你完成下载和备份后，删除存储卡上的照片（用格式化的方法）。
- 为了进一步确保安全，在第二个硬盘中做第二份备份，并将它放到别的地方，不要让两个备份硬盘在同一个房子里。

# 后期处理不是儿戏

**如果你用RAW格式拍摄，数字化处理过程是必不可少的，就像过去必须在暗房里冲洗底片一样。这个过程可以将相机记录的数字信息转换为可视的图像。**



从专业角度来看，你不应该将后期处理看作一个无聊的任务，也不能看作玩耍的机会。为了更高效，后期处理过程需要遵循拍摄的内容和拍摄时的想法。这不是一个创意性行为，因为创意应该集中在拍摄的那一刻，而后期处理是一项非常重要的、需要精心完成的任务。在拍摄和后期处理这两个方面都尝试创新是不可行的。

大多数后期处理的目的是调整RAW格式文件。在RAW格式文件中包括大量关于色调的信息，这些信息比电脑屏幕上和印刷品上能显示的更多。所以，RAW格式文件处理非常重要，特别是对于那些“有难度”的照片，例如高动态范围的照片。对于大多数照片来说，默认设置是简单地对其进行优化，这意味着它们从RAW格式文件转换成TIFF格式文件后的效果符合大多数观众的期望。

后期处理的另一个方面是应用更多的技术和技巧，让照片更好看。在普通观众眼里，这个步骤的作用很不起眼；但从专业的角度来看，增强或减弱不同区域和/或主题对画面的影响至关重要。你的每次拍摄都有目的和动机，你可以计划如何处理图像来让它呈现出最好的效果。

在更高的水平上，精密加工可以解决很多问题，不光能纠正拍摄中犯的错误，还能解决高对比度环境中的曝光或明暗对比问题。虽然现在的数码单反相机和高端的无反相机都有较高的动态范围包容度，但真实世界中仍存在一些超过它们能力范围的情况。

**后期处理软件**

**Adobe Lightroom**

- 面向摄影师。
- 有图像库，便于对图像进行排序和分类。
- 有许多Photoshop的功能；两者使用同一个Raw处理引擎——ACR。

**Adobe Photoshop**

- 功能非常强大的软件，可以处理各种类型的图像。
- 在后期处理方面有杰出表现。
- 没有图片管理和数据库功能。

**Phase One Capture One Pro**

- 它的拥趸喜欢它的RAW处理算法，这种算法可以提取出特殊的细节。
- 具有图片管理功能，不过不像Lightroom那样全面。

**DXO Optics Pro**

- 擅长降噪和镜头几何校正。
- 在工作流程管理方面的能力比较弱。

## 优化流程

### 第零步：在处理之前

你打开RAW格式图片后，在做任何调整之前，应先停下来思考两件事。

- 在你拍摄照片时，希望或者想要的是什么？你实际拍摄到的画面，距离期望的效果有多远？
  - 站在客观的角度看照片，就像第一次见到这张照片的观众一样，这张照片的质量是否完全符合你的预期？

### 样本优化

- 应用镜头预设和色彩条纹校正。
- 使用默认的锐度。它可以调整RAW格式文件转换过程中产生的轻微画质损失。
- 调整色彩，确保中性色（白色、灰色等）的准确度。
- 曝光：对整个画面进行亮度调整，当然这一步也可以放在后面进行。
- 高光、阴影和对比度：必要时使用适度的恢复，通过提高对比度来改善缺乏立体感的情况。
- 设置白色和黑色色阶。这一步可以让画面中的明暗覆盖整个动态范围，也就是明暗度包括从纯白到纯黑的所有数值。
- 调整曝光和对比度的另一种方法是使用曲线。

### 第一步：镜头预设

后期处理软件可以检测相机镜头的组合情况，所以通过检查，消除变焦镜头中常见的暗角和畸变问题。Adobe中有色彩校正功能，可以消除彩色条纹问题，而且比镜头生产厂商自制的预设更好用。

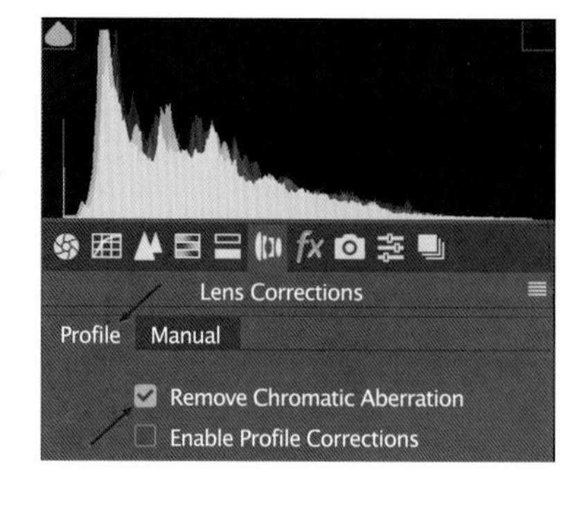


### 第二步：默认锐度

关于锐化，有两种方法：第一种是对锐度稍低的图像进行轻度的补偿；第二种是在展示（打印或在屏幕上显示）之前，让图像显得更有冲击力。在RAW格式文件处理过程中仅使用第一种。这里，ACR的默认值是25%，半径为1.0像素，细节为25%，无蒙版。

### 第三步：整体调整

在准备过程中，要先检查直方图左上角和右上角的三角形，查看是否存在溢出现象。高光溢出的部分显示为红色，阴影溢出的部分显示为蓝色。要注意，移动高光、阴影、清晰度这三者下面的滑块都可以产生明显的调整效果，但同时要付出一些代价，随着滑块移动，图像会产生一些不符合传统审美的效果。这3种算法都使用了局部色调映射算法。

色彩：通常情况下，我们的目的是让本来的中性色调（例如灰色金属或者水泥）在照片中也呈现中性（RGB的数值基本相同）。如果画面中的光线有明显的色彩，那么就需要你去决定是否保留这部分色彩，这种修改完全在于你的主观想法。色温滑块控制着由冷（蓝色）到暖（黄色）的变化，色调控制

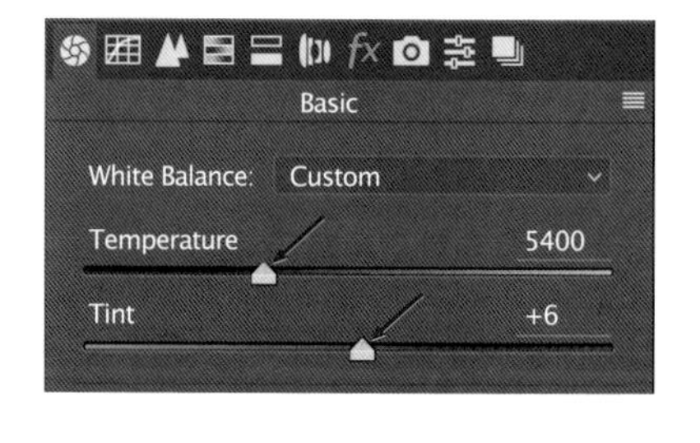

着由绿色到红色的变化。

- 曝光。对整体进行调整。这一步也可以放在后面进行。

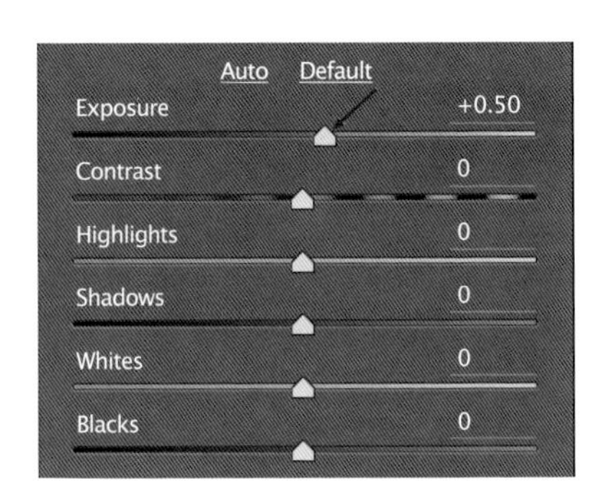


- 高光 / 阴影 / 对比度。这是我最喜欢使用的技巧之一，当然还有其他的技巧我也很喜欢，例如后面会介绍的曲线。降低高光、提亮阴影，但不要超过40%。如果增减的比例过高，照片就会失真。降低高光和提亮阴影的作用都是降低画面的对比度，让画面趋于平淡。所以在调整完高光和阴影后，还要适度地调整对比度，一般是25%左右。

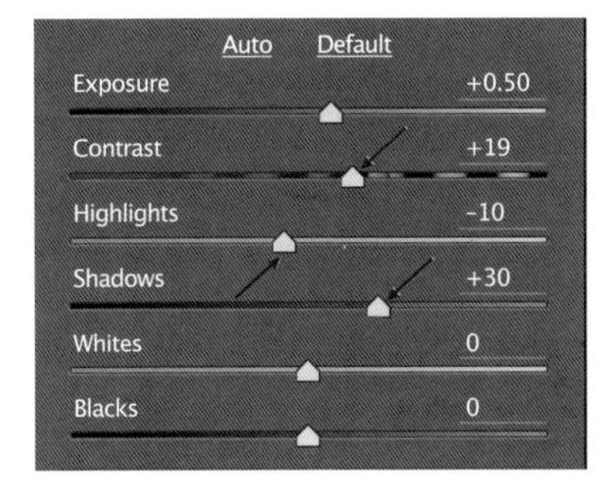


也可以使用曲线。这是一种传统方法，让你能通过改变一条曲线的形状，同时控制高光、阴影和对比度。不过要想更高效地利用它调整照片效果，需要勤加练习。

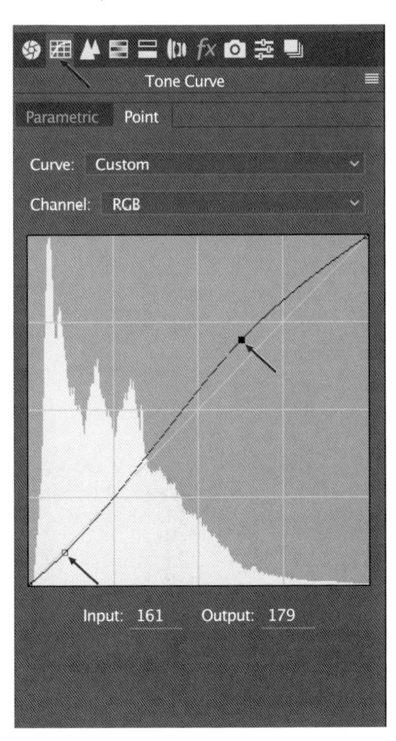


- 白色和黑色色阶。可以通过左右移动白色色阶的滑块来调整白色区域的亮度。如果高光溢出，可以移动滑块，直到显示为红色的区域恢复正常。降低（很少需要增加）黑色色阶，可让显示为蓝色的阴影溢出恢复正常。

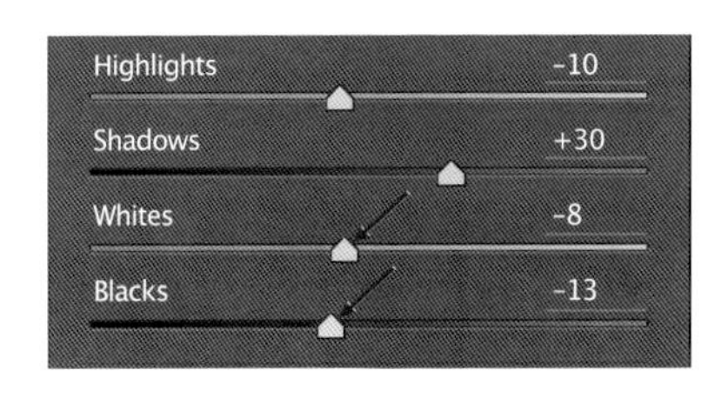

CANARIAM
T'AGENA
El Tiburón Feliz
SEMILLA

CANARIAM
T'AGENA
El Tiburón Feliz
SEMILLA

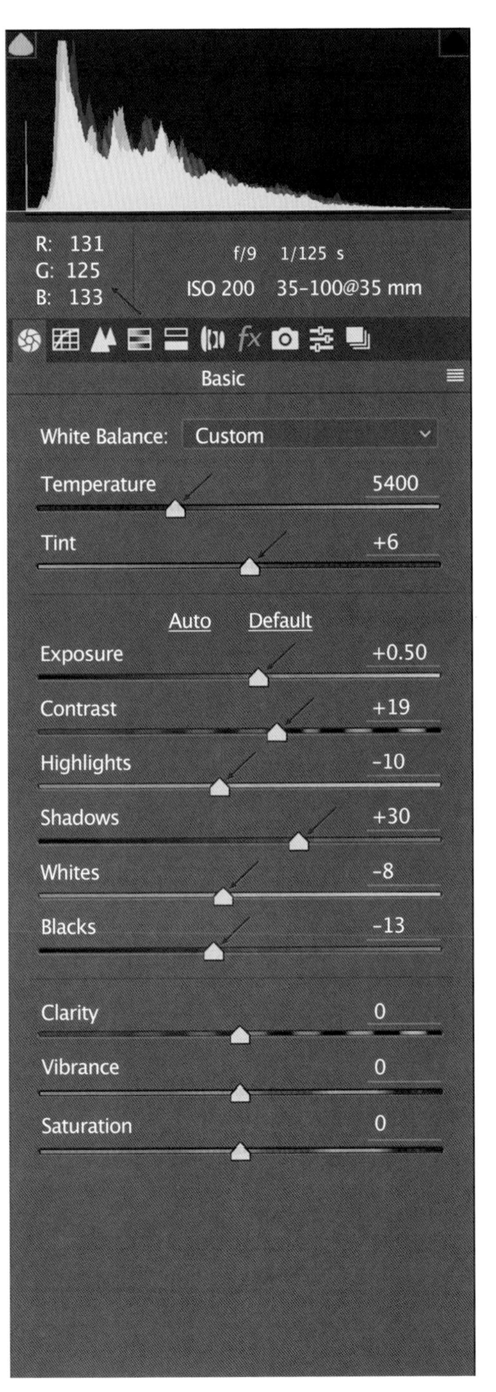


这里，你可以看到将上页上方照片优化调整为下方照片后，整个界面的参数设置情况。

根据头盔阴影区域来确定中性色调。

设置中性色会自动改变色彩的色温和色调。

稍微提高整体的曝光值。

轻微调整高光和阴影，然后提高对比度来补偿因调整高光和阴影而略显平淡的画面。

设置白色和黑色色阶。

## 景深叠加

通过将镜头对准场景中的不同距离对焦，然后将最清晰的部分组合到一起，就增大了景深范围。Helicon Focus是使用最为广泛的叠加软件之一，而且操作简单，只需单击一下就能按照默认设置自动完成叠加。如果场景的纵深很大，而且采用的是纵深沿着某个方向贯穿画面的构图，例如右图和下页图中的场景是从上到下贯穿画面的，就可以利用Photoshop完成景深叠加。在拍摄右图和下页图中的场景时，因为无法在一张照片内涵盖整个场景，所以使用固定光圈f/8、焦距为500mm的镜头，分别拍摄了3张照片。焦点会随着镜头的移动，快速改变。使用Photoshop，将3张照片拼接成1张，就可以轻松获得整个场景都在合焦范围内的照片了。

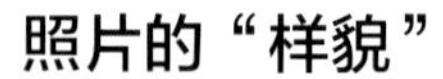

## 照片的“样貌”

关于这一点，还没有现成的术语，但经过后期处理的照片的“样貌”会呈现出一种全新的样子，因为数字化处理图像技术的发明让人们可以控制整个画面的亮度和对比度。但是，在胶片摄影时代，因为所有的胶片和相纸对曝光和后期处理的反应基本相同，所以照片会呈现出相似的“样貌”。处理RAW格式文件的数字化算法改变了这一切。

在ACR中（Photoshop和Lightroom均对它兼容），高光、阴影、清晰度这3个滑块，特别适合用于调整整幅照片，但它使用的是利用局部的方法。它们均使用TMOs（色调映射算法）通过局部对比来改变整体亮度。

从本质上讲，它们是依靠搜索附近的像素，根据相邻的像素来进行调整的。结果通常很有效，因为它们可以通过提高局部的对比度和清晰度来提亮整幅画面的阴影区域（事实上，不止阴影部区域，它可以提亮任何区域），但是如果调整幅度太大，会导致细节过于明显——就像安德鲁·怀斯（Andrew Wyeth）的油画。



## 整体、局部还是两者都有?

处理工具可以应用到整幅画面上（即整体处理），也可以应用到某个选定的区域（即局部处理）。整体处理的优点是从表面上看，它似乎更整洁、更简单，当然也更快捷。它适合批量处理（以同样的方式处理一批图像）。如果你的处理风格与它的这些特点相契合，那这些特点自然就属于优点了。至于局部处理，首先它是一种精细化处理方法，其次，在局部处理时仍可以使用那些能够为图像制造自然效果的传统工具。不论在什么情况下，局部处理都是在整体处理的基础上进行的，整体处理相对比较简单和基础。

如果你有时间，而且比较希望通过更加精细的处理，让照片呈现出更好的效果，那么，你首先要对整幅照片进行基础调整，确保既有不错的整体画面，又有符合期待值的特殊区域效果。然后，使用局部调整工具（例如径向滤镜）对一个或多个特殊区域进行调整。在大多数后期处理软件中，几乎所有的整体调整工具都可以用于局部调整。

你可以将目标锁定在自己想要特别精细地处理的区域，可以提亮、暗化，改变对比度、色彩、饱和度，以及其他任何事情。而且，可以利用TMOs来完成整体调整，同时保持对“样貌”的控制。这种精细处理可以解决大部分高动态范围的情况。对于那些喜欢传统技术的摄影师来说，暗房冲洗是需要专业技术的，虽然时代在进步和发展，但在暗房里想要实现极致的精细还是很难的。

局部处理的缺点是比较费时间，而且需要一些技巧。实际上，如果你是为自己拍摄，不需要为客户快速生成大量图像，还是很适合使用局部调整的，一张好照片值得多花些时间。使用什么样的调整工具取决于个人喜好，但是大家一般都会用到径向滤镜，因为如果你能使用正确的羽化半径和程度，就能制造出平滑且自然的效果。



**下图和上页图：** 这里的示例直接展现了局部调整的必要性。在上页图中，即使经过了整体调整，这个人的脸部依旧很暗。通过使用径向滤镜（添加了适度的羽化效果），提高了面部的亮度，而且效果非常自然。

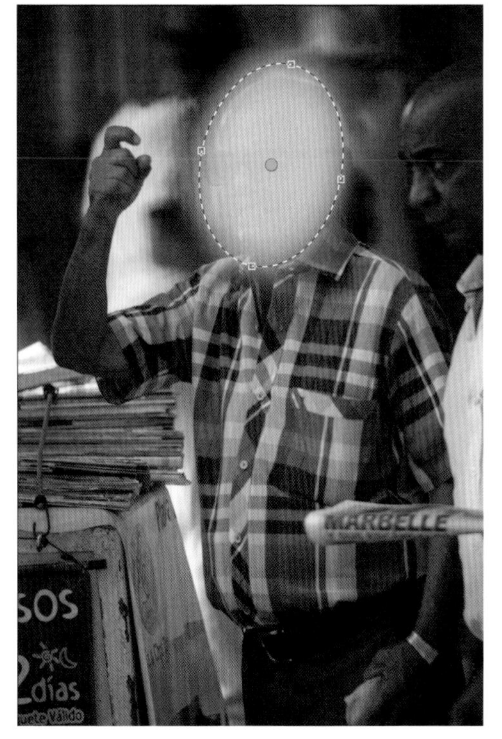

# HDR

**发明高动态范围（HDR）图像技术本来是为了对光线进行“存档”，但不幸的是，在早期，它却被一些人用来创造与摄影毫无关系的花里胡哨的图像。**



HDR的真正作用是有技巧地处理场景，获得明暗范围较大的光线，但同时画面不会出现过度曝光或曝光不足的问题。HDR的处理方式是拍摄一系列曝光不同但取景、构图相同的照片，然后用软件将它们合成为一张。这些照片分别以不同的亮度区域为基准进行曝光，亮度范围从最亮的高光一直到最暗的阴影。一般情况下每张照片之间差2挡曝光。

但是，被许多人和相机生产厂商同样称为HDR风格的照片实际上根本不是这样产生的。这种“假的”HDR照片通过过度处理，将画面中每个亮度的色调都展现出来。其中一些色调是根据方程式算法中的色调映射计算得出的，这种算法将较广的亮度范围的光线压缩到适合用屏幕或印刷品展示的小范围。就像你有一个图像文件，其中包含所有内容，但是你的屏幕或者印刷品只能显示其中的一部分，不像我们的肉眼那样可以看到所有亮度的色调。所以这需要妥协，在专业摄影领域就意味着要用传统的摄影价值观来处理，保持照片原有的样子就行了。

处理HDR照片的方法有很多种，其中，生成为一个32位的、TIFF格式文件，然后使用局部调整工具进行处理的方法是最稳妥和可靠的。这里的示例使用的是Photoshop，它可以提供32位的选项，而且可以继续用ACR进行处理。这种体验与在用ACR处理单张RAW格式文件明显不同，因为它就像在用一个超高级的传感器捕捉画面。在进行局部调整时（例如使用效果强大的径向滤镜），如果没有产生典型的色调映射带来的不良效果，就可以将高光和阴影滑块推到最低或最高数值。调整的秘诀是根据自己的喜好进行所有处理。

**下页图：**第一步是将曝光范围加载到一个HDR程序中，然后创建一个每通道32位的TIFF格式文件（见下页第一组图）。这是进行处理前，在ACR中打开时的显示效果（见下页第二组图）。第二步是将高光滑块推到最左端，改善高光溢出，恢复最亮区域的细节，并将阴影滑块推至最右端（见下页第三组图）。

Preset: Default
Remove ghosts
Mode: 32 Bit Local Adaptation
Set White Point Preview
Complete Toning in Adobe Camera Raw

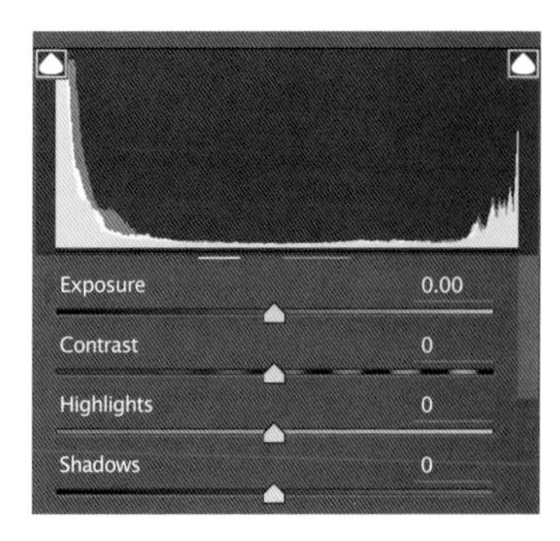

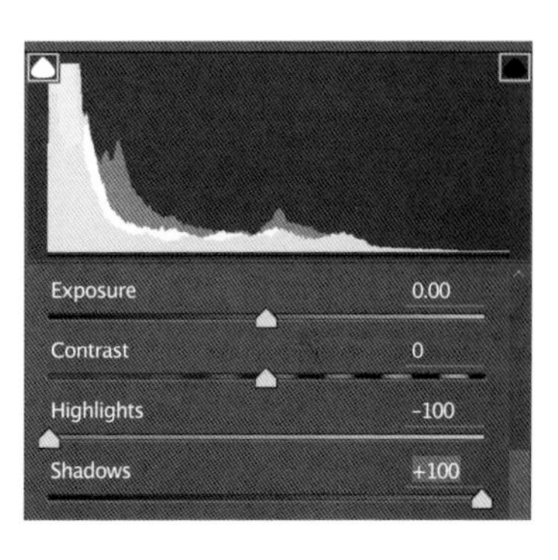

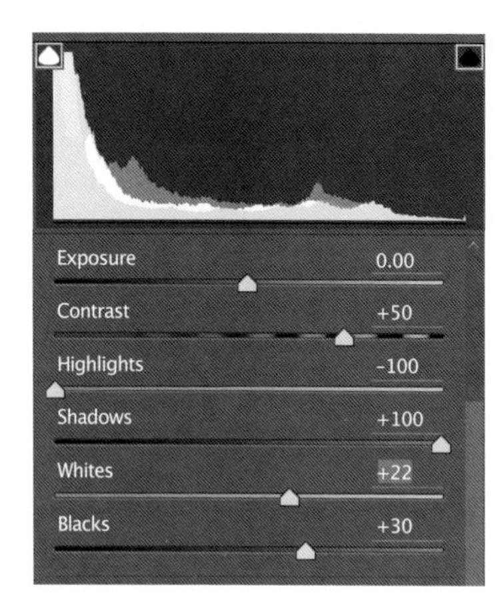
Exposure 0.00
Contrast +50
Highlights -100
Shadows +100
Whites +22
Blacks +30

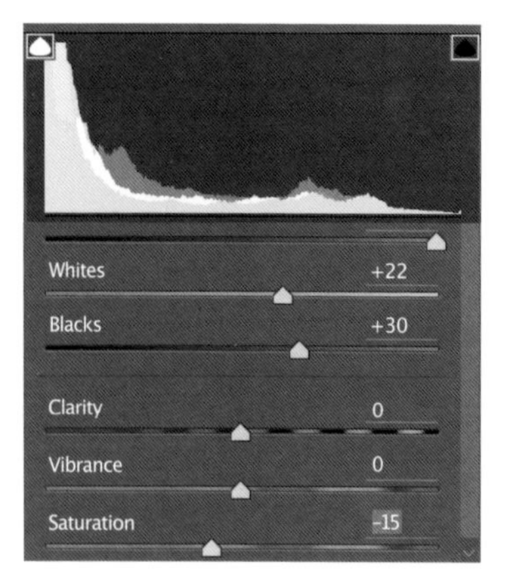
Whites +22
Blacks +30
Clarity 0
Vibrance 0
Saturation -15

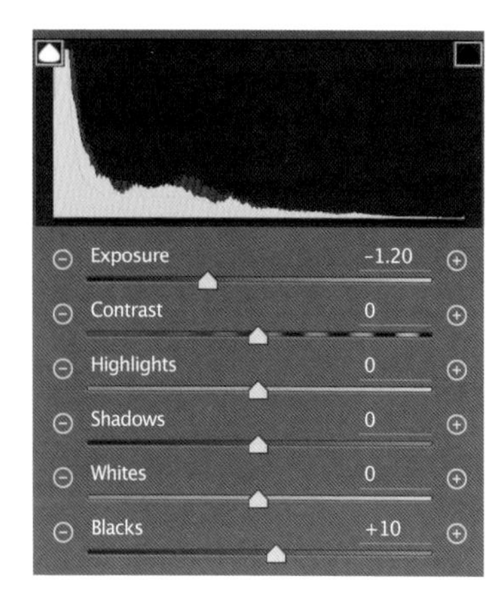
Exposure -1.20
Contrast 0
Highlights 0
Shadows 0
Whites 0
Blacks +10

**上页图：** 由于高光和阴影都向中间色调靠拢，画面缺乏对比度，显得比较平淡，所以为了解决这个问题，需要提高对比度（见上页第一组图）。而且，要对黑色色阶和白色色阶进行轻微调整。HDR 图像本身就会在一定程度上提高饱和度，所以应降低饱和度（见上页第二组图）。最后，使用局部调整，对局部进行提亮或暗化处理（见上页第三组图）。



**下图：** 最终形成的图像包含了较大的动态范围，既较好地表现出了这个深色泰式风格的房间在明媚阳光照射下的效果，又保留了照片的样貌。

## 如何拍出好照片

这是个全球性的问题，不过一直没有标准答案。事实上，在整个艺术领域，关于什么是最好的都没有标准答案。诗人、哲学家和博学学者约翰·沃尔夫冈·冯·歌德（Johann Wolfgang von Goethe）提出了关于艺术品的3个问题，这3个问题也可以用来衡量摄影，它们如下。

- 艺术家想要做什么？
- 艺术家如何能做好这件事？
- 值得这样做吗？

这是一种评价摄影作品的简单粗暴的方式，不过很有必要。它可以界定作品成功与否，也可以提醒摄影师要拍出有内涵的作品，而不是随便拍摄，同时也要求摄影师具有一定的技巧。

## 品评一幅摄影作品

这方面的专家——例如美术编辑、策展人或摄影比赛评委——对于如何品评一幅图像，有不同的方法、步骤和重点，但是基本都不脱离下面8个方面。前4个与视觉效果有关，后4个与内涵有关。当然，不需要在一副图像中让这8个方面同时都很突出。例如，一幅照片可以只有非常吸引人的视觉效果，而没有明显的主题。同样，不是所有优秀的照片都需要有清晰的内涵，它的主题可以是故意模棱两可的。

- 是否吸引眼球。这是视觉方面最重要的要求之一。它不仅仅要求画面有较强的视觉张力，因为在传统意义上，图像很少要求夸张或有戏剧性，很多图像是非常简洁的。但不管怎样，一幅图像，首先要能够吸引观众的目光。
- 是否有想象力。这张图像是否在可以看到的画面之外给观众带来更多想象的空间？摄影师是否用了新的视角、不一样的光线或者有趣的视觉对比？总之，这张图像是否与其他图像有所不同。如果它看上去与其他成百上千张图像一样，那它就没有什么价值。
- 是否有独特的风格。这是创意摄影的基础之一，但不是很常见，因此是不可预期的。如果一名摄影师发展出了一种独特的表现方式，那么从视觉质量方面来说，他拍摄的照片就具有了极大的优势。
- 是否有较好的“可读性”。这一点主要是要求摄影师能够将画面内的元素很好地组合在一起，以便清晰地表达想要展示的内容。特别是对于非常明确的主题，例如拍摄野生动物，应该在视觉表现上非常清晰。再例如，想要以剪影形式拍摄时，拍摄主体的轮廓应该清晰明了，并且与背景形成明显对比。另一方面，如果摄影师想要营造梦幻、朦胧的效果，就应该在视觉上保持梦幻感。
- 拍摄主体是否重要、有趣、有吸引力。当然，你也可以将一个不重要的主体拍摄出很好的效果，所以这一点这并不是成功的必要条件。不过，如果拍摄主体与众不同、有吸引力、漂亮，那么它就可以为作品赢得额外加分。
- 摄影师是否努力。显然，如果摄影师为作品付出了更多的努力和精力（例如拍摄到常人难以见到的景物或人物），这也会成为作品的

# 第2章 图像

加分项。

- 作品是否有感染力。这一点很难预测，不过，如果作品有内涵或灵魂，抑或能够触动观众的内心，那它就能获得更多的赞誉。
- 是否有想法。通常来说，有想法的作品更能获得专业评论家的青睐。摄影师是否将一些想法或思考放进作品？作品是否传递了一些思想？摄影师是否通过展现一些元素，让观众有了新的思考或者认识？

# 摄影的组成成分

**不是每个人都认为有必要评价一幅照片的好坏，因为我们应该享受摄影，而不是必须引入竞争机制。**



了解成功照片的组成成分（换言之，要素）可能更有用或更实用。尽管我们可以将它们分解成更多部分，但以下8个方面涵盖了所有基础。这8个方面基本没有交叉或重复，并且在不同的图像中每个方面的比例都会发生变化。

- 拍摄主体。这涉及照片的内容——拍摄的是什么。拍摄主体可以是画面中唯一重要的景物（例如在许多新闻摄影中），也可以是无关紧要的景物（例如在抽象或印象派摄影中）。
- 构图。构图可以说是摄影师可以控制的最重要的成分。它要求在混乱中创造秩序，并在其中利用元素（例如图形和线条）组成视觉上合适的图像。构图也需要制造能够吸引观众的点，而且其原创性比遵守“规则”更重要。
- 视点。从某些方面讲，视点是构图的一部分。你站在什么地方拍摄决定了你的视点。视点会影响画面中各种景物间的相互关系。
- 时机。拍摄的时机对于一张照片来说也很重要。捕捉特殊时刻对于摄影的意义至关重要。
- 光线。光线质量可以成就一张照片，也可以毁掉一张照片。优质的光线可能是恰好捕捉到的自然界中的特殊光线，也可能是在影棚内精心布置的光线。
- 色彩。就像光线作为图像的要素之一会影响整幅画面一样，色彩也是画面的要素之一，也会影响画面效果，不过它的影响更多作用于氛围。色彩以其他视觉元素无法做到的方式引发观众情绪上的反应。要记住，黑色和白色也属于色彩。所以，你可以用灰色调渲染氛围。
- 后期处理。一般情况下，后期处理是创造性地处理照片的过程，而且常常被认为是有价值且需要技术的一种手艺。它可以为照片的成功做出巨大贡献，特别是在光线不足或者需要强调画面中某一特殊区域的时候。
- 器材。不管生产厂商怎么宣传、怎么营销，也不管摄影爱好者们对各种各样的器材有什么偏好，事实是，器材并不是照片的重要组成成分。不过，在某些情况下，器材还是有其重要性的，例如在拍摄野生动植物和运动物体时，就需要使用长焦镜头或其他具有特殊光学效果的专业镜头。

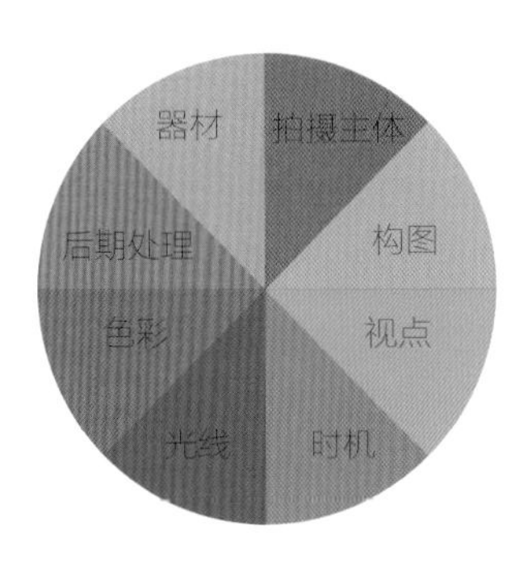


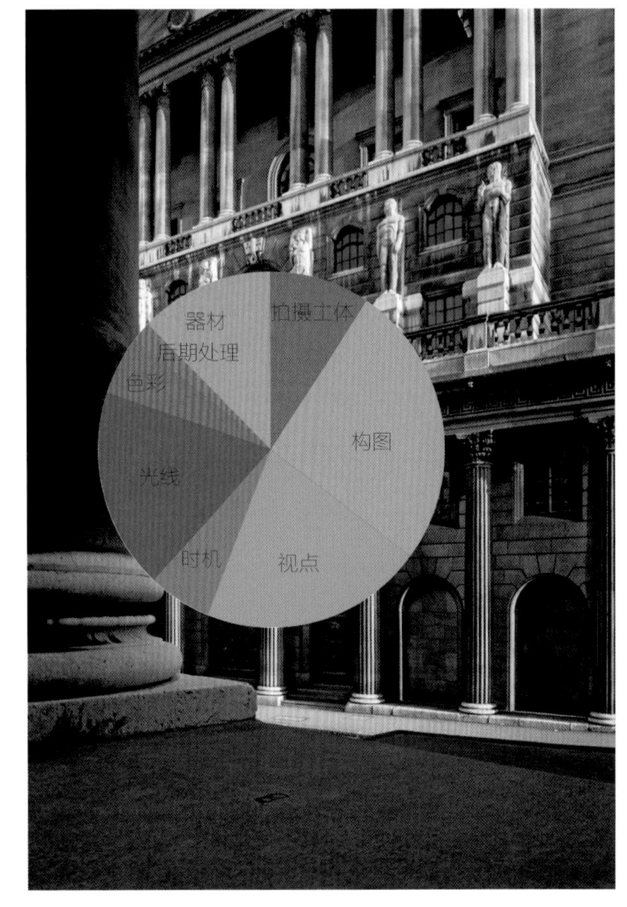


**本页图：** 这些是8个组成成分在不同照片中的重要性的比例图。上图——一个女孩钓鱼的照片中，影响画面的最重要的组成成分是光线，最不重要的组成成分是后期处理和色彩。而在右边这张银行的照片中，决定性组成成分是精准的构图和视点，作用较小的是时机。

# 取景

**多数情况下，取景和构图是同一种操作。但是在这里，我之所以将它们分开讲，是因为前者在后者之前发生。**



取景是指将场景包围在矩形的取景器中的方式——你选择让什么进入画面，舍弃什么。有时候，这比如何安排所选的内容更为重要。很多情况下，这是体现个性化的重要因素，因为这关系着你所选择的拍摄主体，关系着你如何呈现眼前的世界。

摄影不光是选择的艺术，也是捕捉时机的艺术。它取决于你用矩形的取景器选取哪个空间。即使在拍摄前，你已经在头脑里有了想法，在拍摄时也需要移动镜头，透过取景器扫视整个场景，然后做出最后的决定。如果时间充裕，你可以反复思考和选择，但在有些情况下，时间紧迫，例如在拍摄运动物体时，你必须在短时间内做出决定，没有时间做细致的思考。所以，你要在平时不断练习，训练自己依靠直觉进行拍摄。

常见的相机画幅有3:2和4:3两种。虽然也可以在后期处理中通过裁切工具改变图像的比例，但这会显得你在拍摄时有点草率和缺乏决断。最好能够在取景时就确定图像的比例和构图。多关注一下取景器边缘区域的景物，因为那些景物可能会分散观众的注意力。你可以根据自己的喜好裁剪元素，也可以选择是否将边框与场景中的某个景物对齐，但一定要确保这些决定是有目的的。

## 画幅

摄影中，图片比例是由惯性和偶然的发明而产生的。数码单反相机的画幅是3:2，因为它沿袭了传统胶片单反相机（使用35mm胶片）的画幅。这是徕卡公司在19世纪20年代，最大限度地利用当时新发明的“带链轮”电影胶片而研发的。另一种是更宽的4:3画幅，它出现于2003年，更好地利用了镜头的覆盖率——这是研发它的主要原因。4:3画幅虽然出现得比较晚，但是从许多方面来说，它是比3:2画幅更传统的图像格式，更接近学院派比例（早期的电影格式）和标准打印纸格式（10in×8in）。19世纪80年代出现了16:9画幅，它作为一种折中方案，可以容纳

当时所有不同的电视画幅。

这些不同画幅出现的原因虽然不一样，但是它们的构图原则是一样的，而且一旦设定好了画幅，摄影师就得学会如何好好利用它们。我们大多数人将取景器视作给定的框架，并根据它取景。甚至有些人坚持不裁剪、不扩展，以此作为纯粹性和自己的技巧性的证明。而另一些人则更为包容，他们认为应该根据拍摄主体的特征和拍摄者的构图方式调整画面比例和取景范围。

**上图：**这张照片拍摄于泰国，画面中是一片有座寺庙的稻田，使用的是广角镜头。画面上的4个方框，展示了4种更紧凑的取景方式。

# 构图

**可以说，摄影中最重要的操作与器材完全无关，它与摄影师头脑中的想法关系更密切，特别是摄影师看的结果和看的方式。**



## 秩序

将摄影与所有其他创意活动区分开的要素之一是摄影的目标是一张完整的图像，这也是构图对建立个人风格如此重要的原因。即使不花力气，你的照片也可以很好地曝光和聚焦。但是，如果不花力气，就会有空白的画布、空白的成绩单或空白的手稿纸。

那么，如果不用思考，任何人都可以创造出技术上说得过去的图像，那它与经过深思熟虑而拍摄出的作品之间有什么区别呢？是什么让作品有值得细细品味的价值？其实，最重要的一点是，面对眼前的世界，在一大

**上图和下页图：** 这组照片以伦敦皇家交易所的廊柱为背景，但是实际的构图重点在于时机，抓拍的是行人和红色大巴路过的瞬间。

堆景物中，你选择给观众展示什么？如何展示？也就是说，你要用什么样的方法让杂乱无章的场景变得有秩序？我所说的“秩序”并不是精确地指空间上的前后顺序，虽然那也是构图的依据之一。在这里，“秩序”是指通过构图，让不同的景物在视觉上有主次之分。有很多方法可以做到这一点，可以选择极简主义，也可以选择夸张而复杂的表现方式。但是，所有的方法都是为了让图像在视觉上更具吸引力，尽可能与众不同，超越观众的想象。

正因如此，构图在创意方面没有所谓的标准。如果构图变成一种可以预测结果或必须按照某种规则进行的活动，那照片肯定会失去对观众的吸引力。如果说有一件事可以算作构图的规则，那就是别让观众感到无聊。

## 平衡和失衡

在视觉上，多数人本能地偏好具有平衡感的画面，就像我们看到倾斜的东西总想把它扶正一样。一般情况下，平衡会给人更舒服、更安心的感觉。希望事情井井有条是人类的天性。最简单的例子是，一张图像上有两个物体或者两种颜色，它们分别位于图像的两端。这是最简单的情况，你可以想象一下。虽然你的眼睛可能会寻求平衡，但只是完美地呈现平衡并不能保证让你满意。完美的平衡通常没法让人产生兴趣，但试图获得平衡或巧妙处理平衡的过程是可以让人产生兴趣的。





一个简单而有效的类比是，在两个事物或区域之间寻求平衡就像在跷跷板两端寻求平衡。当重要性或重量相等的两个事物与某一点距离相等时，它们之间就会达成平衡。但是当其中一个比另一个更重时，只有重的靠近中点，轻的远离中点，它们之间才会达成平衡。也就是说，平衡是动态的，而且关系到一幅图像中有多少元素在争夺注意力（详见第54页），所以每个局部的安排都是微妙而复杂的。简单举例来说，在现实中，画面中只有两个元素且它们都占据主要地位的情况比拥有很多景物的场景的情况少得多，并且在拥有多种景物的场景中，部分元素会比其他元素有更大的视觉“重量”。例如，相较于其他元素而言，人的面部通常更能吸引观众的注意力。

最重要的是，不平衡可能会带来紧张感，从而让观众觉得更加有趣。事实是，满足视觉需求有时并不能保证构图的有效性，也不能保证形成引人注目的图像。分析观众如何看待不平衡的图像是件很有趣的事。我们的眼睛和大脑会很努力地试图找到某种平衡，所以不平衡的图像反而能吸引更多注意力。

**本页图：**两个要素通过拉开间距来平衡画面——即人的视线向左看，而钟形铸造器中的钢水向右流。这种平衡是动态的，而不是静态的。

## 巧合

在影棚之外拍摄时，对于很多元素，你都无法控制，例如光线、景物的位置等，这让发现景物之间的视觉联系成为摄影中特别重要的事情。建立视觉联系的方法很多，既可以简单地让景物与图像的边缘对齐，也可以通过借位让本来毫无关系的两个景物并列。

巧合，正是许多摄影作品成功的主要原因。它是指两个或两个以上景物在人们的意料之外形成了对应关系：既可能是人们本以为不会在一起的两个景物同时出现，也可能是它们在形状上有联系。无论是哪种情况，总之就是你看到了其他多数人没有看到的东西。这纯粹而简单地体现出你的眼睛和想象力的与众不同。

如下图所示，并置是摄影巧合中的一种经典形式。因为寻找和获得它需要观察力、想象力和技巧。如果没有精心安排，就无法获得这种效果。这种效果在很大程度上取决于你如何观察、你的视点在哪里，以及镜头的景深。并置的对象有很多种，例如人的表情、手势、动作以及其他无关联的物体。总之，并置是通过特殊的拍摄角度将本来无关的元素结合在一起。并置还可以应用到“图形呼应”（这是我给它起的名字）上。这通常包括形状或颜色，有时两者兼有。对于这种呼应，没有严格的规定，但是如果你用眼睛仔细观察，有意识地寻找它们，可能会发现它们出现的频率非常高，远远超出你的预料。另外，如果形状或颜色简单而清晰，则更有助于形成并置。独特且可识别的形状效果最

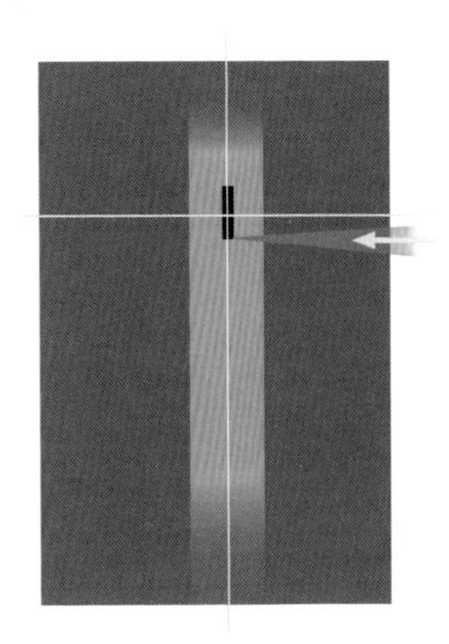



**左上图和上图：**拍摄地点是泰国万象的湄公河。选择合适的时机，营造出一种对称感，让男孩的身体与落日的柱状倒影重合在一起，并且利用构图，让拍摄主体位于画面中线上。

**上页图和左图：**另一种巧合是在本来无关的事物间找到它们在图形上的呼应。在这个例子中，练功人的胳膊和身后的屋檐在形状上形成一种呼应。

**上图：**这家新艺术咖啡馆的服务生和墙上的人物画像形成了呼应。通过将两个图形放置在画面的边缘两侧，使呼应更加明显。

**下图：**捕捉到3位农民恰好走到一起并做出同样动作的瞬间，提升了画面的完整性和吸引力。

好，例如三角形（尽管三角形很常见，但是它们形成并置巧合的概率并不高）。

总之，各种巧合在摄影中所起的作用比看上去的大得多，因为巧合的范围很大，既可以是从头到尾的整齐排列，也可以是更细微处的对齐。你可以将任何有目的的、整洁的构图都看作巧合。毕竟，对景物进行排列是构图时最基本的决策之一。它如此基础，以至于我们中的很多人会不嫌麻烦地用半自动而不是全自动功能来完成这项决策。排列对齐的元素可以是景物的边缘（例如建筑物的墙壁），也可以是一排景物（例如田野中的奶牛），这都取决于你个性化的想法。对于一些摄影师来说，这仅仅是为了让画面整洁；但对于另一些摄影师来说，这是拍摄的出发点。总而言之，没有一定之规。

通常，你可以通过调整自己的拍摄站位将两个或多个景物排列对齐，也就是通过借位，让它们看上去好像本来就是这样彼此对齐的，或者本来就是与画面边框对齐的。甚至，你可以让这两种对齐方式同时实现。这还可以证明倾斜相机是合理的。加里·温诺格兰德（Garry Winogrand，著名街拍大师）就是因倾斜拍摄而闻名的。他很乐意向人们展示："景物没有倾斜，是你看它们的角度倾斜了……我从不会毫无原因地倾斜相机……我曾经拍摄过一个乞丐，那张照片上他的胳膊从边框的一侧伸进画面，同时胳膊与边框的另一条边平行。"所有这些拍摄方式都基于一个事实，那就是在某种意义上，所有照片中的图形元素（例如线条或形状的排列及它们的呈现方式）都与其本身的真实样子及位置不同。观众在画面中看到出乎他们意料的排列对齐景物时，就会产生愉快和喜欢的感觉。



### 8种对齐方式

将景物对齐，不论是景物之间彼此对齐还是与图像边框对齐，都是一种刻意寻找的巧合。即使不能带来惊喜，这至少也是一种让人喜欢的技巧，所以可以尝试以下8种对齐方式。

- 与边框对齐。
- 与画面的边角线对齐。
- 框中框。
- 整齐划一。
- 排成一条线。
- 重复。
- 有规律地排序。
- 组成一个形状。

## 纵深感与平面感

一幅摄影作品所展现出的三维立体感的强弱与构图方式和镜头景深有很大关系。摄影师既可以选择让画面从前景到背景都有很强的纵深感，也可以选择让场景显得扁平得像是二维的。这两种极端情况都可以产生很强的冲击力和吸引力，并且是从不同的角度切入，一种是增大景深，一种是压缩景深。线性透视和缩减透视通常是效果最强的两种，它们具有聚集线条和缩小比例的特点。制造这两种透视的关键是视点和镜头焦距。空气透视，是大气及空气介质使人们看到近处的景物比远处的景物的清晰度高、色彩饱满等视觉现象。你可以通过采取一些拍摄技巧、使用滤镜或者后期处理来增强或减弱空气引发的这种效果。空气透视中，空气对清晰度的影响最大，虽然它对色调和色彩的影响没有那么明显，但仍可以通过增强或减弱它们以获得额外的效果。

焦点在控制场景的景深方面扮演着重要的角色。日常生活中，当我们看向视力范围内的所有景物时，它们都是清晰的，我们理所当然地觉得所有物体都应该是清晰的，所以当照片中的前景或背景不在焦点上，呈现出模糊的样子时，我们立刻会意识到这与景深有关。特别是在使用长焦镜头时，这种情况更为常见，有时摄影师会为了达到最大清晰度而使用最小光圈（如f/22），这会大大影响场景的纵深感。而在使用广角镜头时，缩小光圈可以产生较大的景深，特别是在前景中布置一个较明显的景物与背景作对比时。风景摄影大师安塞尔·亚当斯（Ansel Adams）就是使用这种技巧的高手，他称这种方法为“远近法”：从远到近的整个范围内都清晰成像可以增强场景的真实感。

**左图：**虽然使用的是20mm的超广角镜头，但是傍晚时分的均匀光线和小光圈形成的均匀清晰度结合在一起，减弱了场景的纵深感。

**上图：** 广角镜头加上特殊视点，再加上站在暗处拍摄明亮处的角度，共同制造出这种夸张的对角线透视，强化了场景的三维立体感。

**下图：** 透过几乎正方形的窗户向一个日式室内庭院看去，平淡的光线营造出一种二维平面感。

## 增强纵深感的方法

- 让前景和背景有明显区分。
- 让线条向同一个方向聚集（线性透视）。
- 使用广角镜头。
- 随着距离的增加，减小相似或相同物体的体积。
- 增强朦胧感（空气透视）。
- 在雾气中向着光线的方向拍摄。
- 通过后期处理，调整蓝色和青色中的黑、白色阶，增强空气透视效果。
- 让浅色物体位于深色物体之前（色调透视）。
- 让暖色物体位于冷色物体之前（色彩透视）。
- 让前景或背景位于焦点以外，呈现虚化效果。



## 增强平面感的方法

- 站在正面拍摄并使用方形构图。
- 减少对角线。
- 断开不同距离的平面之间的联系。
- 使用长焦镜头。
- 选择合适的视点，降低通过相似物体之间的距离判断出景深的可能性。
- 选择干爽、洁净的空气环境，避免有雾气的环境，降低空气透视感。
- 使用UV滤镜或渐变滤镜，减少朦胧的雾气产生的空气透视效果。
- 通过后期处理去雾。
- 在强烈的直射光下拍摄（顺光拍摄）。
- 让深色物体位于浅色物体之前。
- 让冷色物体位于暖色物体之前。
- 利用大景深，让场景内前后的物体都保持清晰。

## 引导视线

构图的基本作用之一就是影响观众欣赏图像的方式：是让他们从画面的一部分开始然后转向画面的其他部分，还是让他们的视线毫无目的地在画面上游荡，抑或只盯着某处看？要吸引观众的注意力并不总是容易的，但这是可能的，你越能使构图变得有趣，就越能控制观众欣赏照片的方式。

首先，明确的拍摄主体比其他景物更能抓住观众的注意力，它们的视觉“重量”更大。最常见的高吸引力拍摄主体就是人的面部，而面部又以眼睛和嘴巴为甚。在一幅图像中，如果尺寸相似，那么面部通常比其他景物具有更大的吸引力，所以这意味着，你在构图时可以让面部所占的面积稍小一点，或者让面部稍微偏离中心一些，即使这样，观众的目光也会聚集到那里去。其他具有较大视觉“重量”的物体是人的身体、动物、词语和数字。

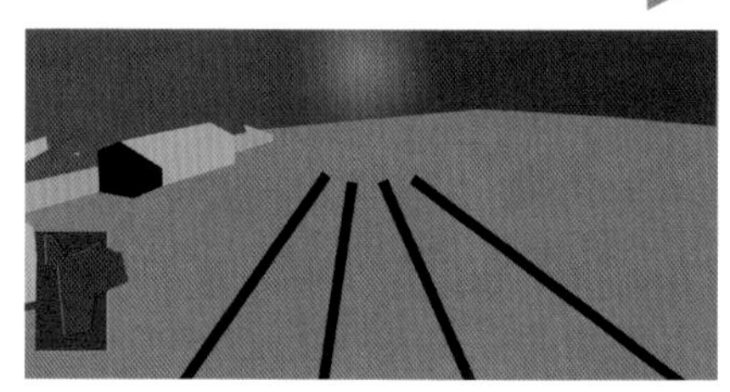

各种各样的线条会引导观众的视线沿着它们看过去，因为它们会产生方向性，观众会不由自主朝着它们的方向看过去。眼睛和大脑通常会本能地试图找出简单的图形结构。在吸引力、制造动感方面，线条形成的角也扮演着重要角色，其中作用最强的是对角线。例如，一条清晰明确的对角线，一端靠近画面的角落，另一端靠近中心，那么它就总是能将观众的视线引向画面中心。当然，汇聚的对角线更能吸引眼球。

在一般情况下，眼睛在看照片时倾向于向中心移动，而不是向周围移动，不过你可以通过在周围放置视觉“重量”很重的景物，或者使用下面这种视线引导技术来扭转这种情况：朝着拍摄主体面对的方向拍摄。画面中的拍摄主体总是会看向一个方向或另一个方向，这就产生了方向感。如果人物积极地

朝一个方向看，他们就会创造出一条被称为“视线”的东西，这条线可以强烈地吸引观众的注意力。

**上页图和上图：**从左到右的一系列图片展示了摄影师简化照片中的茶园的过程。摄影师通过汇聚的线条和偏离中心、位于边缘的鲜红色点状物体来引导观众的视线。

## 细节

改变我们关注事物的尺度，会揭示出另一个具有不同视觉可能性的世界。为什么我们如此喜欢细节？几乎每一个摄影师都喜欢它，即使是风景摄影大师也会发现他们自己经常被宏大场景中的微观世界所吸引。安塞尔·亚当斯就很喜欢拍摄树皮的细节和岩石的表面。在他的著作 *Yosemite and the Range of Light* 中，有一半以上的摄影作品是拍摄细节的。众所周知，其中一个原因是他认为变化是一系列图像的关键，而创造这些变化的显而易见的方式就是尺度的变化。

见微可以知著。黛安·阿勃斯（Diane Arbus）曾说过："细节越多，呈现得越多。"也就是说，一幅图像如果拥有精心选择的细节，就可以在观众脑海中扩展，而变得更为全面。而且，细节总是暗示着更多的东西。例如，在拍摄人物时，人体的细节总是令人着迷的，因为观众只能看到一个面，进而去想象其他的部分。人体是最容易找到可拍摄细节的来源之一。在不冒犯模特的前提下，存在很多会令人着迷并且上镜的独特细节，例如手、嘴唇、眼睛、手指、指甲等。埃尔温·布卢门菲尔德（Erwin Blumenfeld）在1950年为《时尚》杂志拍摄的封面和欧文·佩恩（Irving Penn）拍摄的《被蜜蜂蜇了的唇》（蜜蜂落在一个丰满、涂有口红的、半张开的嘴巴上）的照片，都以嘴唇为拍摄主体。而曼·雷（Man Ray）在19世纪30年代所拍摄的《眼泪Tears》和詹姆斯·卡梅隆（James Cameron）导演的电影《阿凡达》的海报（阿凡达的蓝色皮肤映衬下的黄色眼睛），则都是以眼睛为拍摄主体的。

细节的另一个魅力之处在于，与每个人都能看到的大场景相比，细节可以为创造新鲜的图像带来更多机会。人人都想拍出震撼人心的风景照，但遗憾的是，所谓的"完美视角"和"完美时刻"已经人尽皆知，所有人都知道站在什么位置是拍摄著名景点（比如吴哥窟、拱门国家公园、中国元阳梯田……）的最佳位置，所以每个人拍摄的照片都大同小异。但是，如果你能深挖细节，就能获得意外的回报。这些细节可能存在于一堆杂乱的事物之中，也许乍看上去很丑陋、并不引人注意，但如果你仔细探索，就可以找到一些出乎意料的美景或有特殊形状的图像。

**下图：**用采摘者手中的一支玫瑰来表现保加利亚的玫瑰收获季。采摘者深红色的衣服进一步衬托出了粉红色玫瑰的娇艳。

**左图：**拍摄的是两个正在休息的人的手和脚。身体部位可能比整个身体更有吸引力。

**左图：**这是在吴哥窟拍摄的。墙上雕刻的人物的手臂上覆盖着苔藓和刚发芽的小型植物，这个细节比整个废墟能更好地传达杂草丛生的感觉。

**左图：**正在演奏音乐的双手尤其具有表现力，因为在演奏这种中国传统的弦乐器时，演奏者的所有精力和注意力都通过它传递给观众。

# 视点

**视点就是你拍摄时所站的位置。有很多人不愿意花费时间和精力选择更好的视点。其实，摄影师所站的位置，决定着整个画面的效果，所以请认真思考你所选的视点是否值得进行拍摄。**



你可以从不同的角度进行思考。例如：这里会不会有潜在的拍摄机会？会不会有更好的角度？如果我选择其他位置，会拍出什么样的画面？如果我向侧面再迈一步会不会更好？也许我可以试试从完全不同的角度进行拍摄？这种思考是基于有需要或想要以某种方式拍摄的，这是专业摄影师拍摄时的标准程序，他们通常有明确的主题，但不一定能面对最佳条件。

澳大利亚摄影师恩斯特·哈斯（Ernst Haas）曾说："什么是你最重要的镜头？——是你的双腿。"虽然这句话是在高质量的变焦镜头出现之前说的，但这种观点在今时今日依旧有其积极意义——只有实地考察、对比过不同的视点，才能找到最佳的拍摄位置。除了走近或离远这种改变焦距的替代方法，还可以尝试俯视、仰视、侧面等多种视角，总之你可以用任何你能想象到的视角去增加作品的魅力。在前文，我已经讲过很多照片是依靠画面中各种视觉元素间微妙的平衡获得成功的。而所有的对齐和并列都是因为摄影师找到了精准的视点，站在了准确的位置上。

到目前为止，绝大多数照片是从离地面不到两米的地方拍摄的——这是摄影师呈站立姿势时的头部高度。这个距离貌似不高，没有太多可供发挥创意的余地，实际上则不

**左图：** 站在这座19世纪建造的高得惊人的灯塔上向下俯拍，确实是个不错的选择，因为这样既可以展现美丽、壮阔的景色，又可以通过影子展示出灯塔。

然，这个高度还是有很多可能性的，摄影师可以靠近或远离拍摄主体，可以选择环绕拍摄主体的任意角度，还可以站得更高或者更低。用俯视角度拍摄一直是摄影师喜欢的方式之一，因为这种视角下的图像能给人一种逃离重力束缚的自由感。如果俯拍时能制造出几何图形，那就更好了，这会比单纯的俯拍更具吸引力。而仰视角度则相对不太常用，不过也可能带来意外之喜。当代建筑中增加玻璃和开放式结构的应用（详见第172～175页）就是探索这种可能性的一种方法。



**左图：**从头顶上方垂直向下拍摄是俯拍的极端情况。这种角度并不多见，除了在航拍照片中。

**下图：**从下向上仰视拍摄同样是一种不常见的情况，不过正因为不常见，所以值得尝试一下。

# 时机

**只要有运动的物体，就存在抓拍到这个物体的完美时机，这个瞬间会比其他瞬间更具吸引力。按照亨利·卡蒂埃-布列松（Henri Cartier Bresson）的说法，决定性的瞬间是指那些似乎能概括动作的特殊瞬间。**



所谓完美时机，其实不是固定的，也不是客观的，而是取决于以下3个因素。

- 发生了什么。有些动作有非常明确的高潮或静止点，例如足球运动员进球的瞬间。
- 它看上去像什么。正如我在前文提到的，视角可以创造出视觉元素间不同的位置关系，例如并列、对齐。
- 你最喜欢什么样的瞬间。就你个人而言，什么样的时刻或者说什么样的画面是最好的？我最喜欢的可能不是你喜欢的，所以审美品位也是影响因素之一。

不论拍摄什么，都需要决定何时按下快门按钮。虽然有时候，它没有取景或光线那么重要，但摄影终归是记录瞬间的艺术，不管拍摄主体是什么。如果你喜欢的拍摄题材与运动的物体有关，例如野生动物、体育活动或街拍，你可能早已经深知时机的重要性，但其实时机在其他大多数题材中也很重要。拍摄运动物体时，最佳时机通常是唯一的。镜头前的完美瞬间很少会再次出现。所以，找到理想时刻——你心中的理想时刻——不仅需要认真的思考、丰富的经验，更需要判断力。但是，关于如何确定拍摄时机，并没有公式可循。

不同摄影师判断拍摄时机的方法各不相同，不过总结起来，摄影师大致有3类。我称这3类分别为最佳射手、消防员、建筑工人。这3类之间有着个性化的差异。

“最佳射手”有着高超的摄影技艺，能在理想的瞬间捕捉到最佳的运动状态，他们多来自胶片时代，因为胶片数量是有限的，所以一张都不能浪费。当然，节省胶片并不是真正的驱动力，能够一次性抓住完美时刻的自豪感才是。很多情况下，一次性完成抓拍是唯一的途径，因为完美时刻转瞬即逝，例如很多经典的街拍照片。

©Jennifer Barnaby



**上图：** 快速的反应和训练有素的眼睛是在短时间内完成构图的重点。拥有它们才有可能捕捉到出人意料的瞬间。许多好的街拍都略带一种超现实感。

## 在镜头前停留的时长是决定因素

运动物体在取景器范围内运动的速度要比它本身真实的运动速度更重要。也许你认为这是众所周知的，我是在说废话，但事实上，人们很容易忽视这一点。例如在拍摄赛车时，就很容易高估了手的动作速度。一个经验是，如果物体穿过镜头的时间是1秒，那么你至少需要1/500秒的快门速度才能确保抓拍到它。

- 如果使用广角镜头，运动物体从镜头前穿过的时间要比在长焦镜头前长一些，因为广角镜头的视角范围更大。
- 一些平稳运动的物体，例如公路上的汽车，它如果垂直于镜头运动，那么它穿过取景器的时间最短；如果你调整一下拍摄角度，让它与镜头垂直的平面成一些角度运动，则可以延长穿过的时间；如果它平行于镜头运动，也就是正对着镜头，则它看上去像是静止的（在不过这种情况下，存在对焦困难的问题）。
- 拍摄主体某些局部的运动速度比你预想的快很多，例如一个正在说话的人的手势。
- 跟拍会从视觉上降低运动物体的速度，延长它在取景器内停留的时间，不过某些局部的运动速度无法减慢，例如一个正在骑车人的腿和脚。
- 让深色物体位于浅色物体之前。
- 让冷色物体位于暖色物体之前。
- 大景深，让场景内前后的物体都保持清晰。

"消防员"抓拍运动物体的方法是尽可能多地拍摄，从众多照片中选出最佳的一张。正是因为有这样一类摄影师的存在，数码单反相机上才出现了连续对焦功能。开启这个功能后，摄影师可以在1秒内连续拍摄大约10张照片，在之后进行编辑处理时，从中挑选一张就可以了。

"建筑工人"的方法也是拍摄大量照片，但是他们是为了改进。当时间充裕或者动作会重复出现时，他们会努力争取抓住最佳时机。一般情况下，需要先试拍几张，找到动作的规律，然后保持这种状态，在最佳的时机按下快门按钮。随着经验逐渐变得丰富，试拍的张数会越来越少。

## 紧迫感、精确性和速度

时机有3个基本特性，它们的重要性根据动作的内容而不同。紧迫感意味着这一时刻来得有多快，从街拍中的紧急情况到等待日落的充足时间，紧迫感的表现不尽相同。精确性是指抓拍到一个动作的完美瞬间，或者将一个过路的人恰好放入画面。速度则需要你有一些经验和良好的判断力，确切地知道自己需要以什么样的快门速度来完成拍摄。

**下图：** 高速快门（1/500秒）可以拍出下图这样的海浪，精准的拍摄时机给画面带来了力量感。海浪的前端倾泻下来，在背光的环境和绿松石色的衬托下，给人一种坚实的感觉。

# 光线质量

**光线质量可以决定一张照片的成败，这几乎是一种陈词滥调，但这的确是毋庸置疑的事实。除非镜头前的拍摄主体能令人大为惊奇，不管在什么光线下都能极大地吸引观众的注意力，否则你想要改善照片效果，能做的事情就是确保画面中的光线是迷人的、令人兴奋的。**



确保画面中的光线是迷人的、令人兴奋的，换句话说，就是要保持对光线的敏感度，有意识地欣赏它，知道它将对画面起到什么样的作用。总之，你不仅需要掌握光线的“魔力”，还需要掌握它背后的逻辑。

正如我在第98页“摄影的组成成分”中提到的，光线有一个重要的尺度，即光线影响，它在光线较弱时不明显，但是在一天中的某些时间段、某些天气条件下、建筑或街道的某些位置上，它就凸显出来了。在光线尺度的最顶端，也就是光线影响最强的情况下，可以说整幅图像表现的都是光影，光线变得比物理意义上的拍摄主体更重要。

处理光线有两个基本方法。一个是考虑光线如何能更好地服务于拍摄主体，然后等待那个时机出现，或者在你期待的时刻到来时去拍摄。另一个是变换思路，寻找能充分利用光线的主题和构图。澳大利亚摄影师特伦特·帕克（Trent Parke）拍摄的一幅街拍照就是运用第一个方法的典型例子，他想要拍摄一束直射光照在一辆前进中的巴士上的照片，为了抓拍到这个场景，他在一个月的时间里，到同一个地方拍摄了十几天，直

到捕捉到自己想要的那个画面。对于第二个方法，美国摄影师盖伦·罗威尔（Galen Rowell）说过：“我先找到完美光线，然后再寻找与之相匹配的东西”。这是以光线为主的摄影的理想情况，不过，由于环境的限制和你能花费的时间有限，这意味着你经常需要在不太完美的光线下完成拍摄。即便如此，了解光线对不同场景会产生什么样的影响，也可以有效地帮你提升拍摄水平。总之，记住所有的光线都可以很好地作用于某些物体。

**下图：** 这是一种不同寻常的组合——光线和悬崖。面向相机一侧的浅色山崖将光线反射回来，而后面的岩石将光线反射向天空。

# 黄金时段的光线标准

**黄金时段的光线常常能获得人们的喜爱，或者说是深爱。它如此受人喜爱，如此流行，却是令人喜忧参半的。现在，它在摄影中被普遍采用、被广泛实践，以至于其可能带来的风险也变得越发明显了。**



黄金时段的光线有良好的效果，而且确实能吸引观众的注意力。它产生于太阳处在较低位置时，一般是太阳与地平面成20度角或者更小的角度，这个角度根据不同的纬度、不同的季节略有不同。它出现的时间一般是在太阳升起后或落山前的一小时内。色彩（取决于大气的透明度）来自空气中的颗粒物对光的散射效应。太阳升起后或落山前的那段时间里的太阳光要穿过更厚的大气层，大气层中的颗粒物会对较短波长的光进行散射，最先被散射的是蓝光、紫光。所以留下的光线中蓝光较少、橙光较多。当太阳越接近地平线，光线的颜色越接近红色。

这一时段的光线之所以那么受欢迎，是因为观众看到这样的画面时，很想要身临其境，更重要的是，金色是诱人的，低角度的太阳有两种传统的吸引效应。一种是光线穿过景物表面，减弱了明暗之间的对比，让景物更有立体感。另一种有价值的效应是它可以提供3种拍摄方向。一是顺光拍摄，这样可以获得更强的冲击力和丰富性；二是侧光拍摄，可以让景物更加立体；三是逆光拍摄，利用大气产生光晕，或者制造剪影效果。总之，它可以在短时间内提升画面的丰富性，给照片带来更多可能性。太阳位于地平线附近时，射出的阳光从建筑物、树木之类的物体后透过来，会形成许多出人意料的细节。太阳落山前的时段比清晨太阳刚升起的时间段更有利于拍摄，因为摄影师在下午和傍晚有充足的时间观察太阳移动的方向和规律。

**上图：** 这张照片拍摄的是伦敦塔桥。顺光拍摄形成了完全不同的效果。

**下图：** 拍摄黄金时段的光线的第三种角度是侧光。这张照片拍摄于中国西北部的香格里拉。

**上页图：** 拍摄于缅甸曼德勒佛像雕刻街。采用逆光拍摄。

# 魔法时刻

**在介于黄金时段和夜幕降临之间的那段时间里，光线是微妙的、柔和的，所以那段时间被称为“魔法时刻”。在天气晴朗时，太阳落山后，光线的整个动态范围都会发生变化。阴影和对比消失了，天空中不同方向的光线的色彩之间突然达成平衡，光线色彩几乎达成平衡。**



这种变化的结果就是在很短的一段时间内光线是微妙的、柔和的。同样的情况也会发生在日出前，所以在晴朗天气里，一天内有两次绝佳的拍摄机会。“魔法时刻”这个叫法来源于电影行业，将魔法时刻运用到极致的电影是《天堂之日》(*Days of Heaven*)，这部电影从头至尾都是在魔法时刻拍摄的（不过这样做的代价就是要花很多钱），它由特伦斯·马利克（Terrence Malick）执导、内斯特·阿尔门德罗斯（Nestor Almendros）任摄影师。

与黄金时段一样，魔法时刻的具体时间因纬度和季节的不同而有所变化。当然，它同样需要有晴朗的天气。色彩是魔法时刻的强项，因为此时的暖色调（太阳所在的方向）和冷色调（天空的另一侧）之间会产生微妙却明显的对比。此时，两边天空的亮度相差不大，所以相当于你同时有两个柔光光源，它们从相反方向照射到拍摄主体上或场景中。这种情况尤其适合拍摄倒影，所以魔法时刻是拍摄水体的绝佳时机。

短暂的魔法时刻，出现于夜幕降临前，通常最多只有10分钟。在这个稍纵即逝的时段内，天空变成深蓝色，具有丰富的细节，

**上图：**夜幕降临前短暂的10分钟内，蓝色天空和橙色灯光的亮度达成了一种微妙的平衡。

**下图：**拍摄于缅甸蒲甘地区。日出前，东方粉红色的天空和蓝色的山体阴影形成对比。

明暗程度刚刚好，最适合用来充当具有剪影效果的建筑或树木的背景。专门拍摄建筑的

摄影师喜欢魔法时刻的原因有两个。一个原因是天空的蓝色和人造灯光的橙色之间可以形成自然的互补色平衡，令人赏心悦目。另一个原因是，半明半暗的环境可以掩盖场景中的一些瑕疵和不美观的景物。唯一的问题就是，它的持续时间太短，只有短短几分钟。即使你已经做好准备，选择好了视点，清理干净了场景，但由于人眼对于缓慢变弱的光线有较好的适应力，所以人眼看到的与相机实际拍到的存在差别。我有一个不错的方法可以解决这个问题：以中纬度地区为例，在日落后大约半小时开始注意观察，然后使用实时预览，或者拍摄一些测试照片来观察色彩是否达到平衡。使用自动功能来处理不断变化的亮度，或者尝试使用手动模式，选择较大范围的包围曝光。为了拍摄到层次丰富的蓝色，应当选择合适的角度或者逆光方向。

# 光线与天气

**虽然黄金时段和魔法时刻的光线确实非常具有吸引力，但它们不是摄影唯一的理想光线。**



虽然都是以晴朗的天空为前提，但大多数时候，摄影面对的光线都受到天气的影响——云、雾、尘、霾等。下面列举一些比较常见的天气类型。

**下图：** 在逆光角度下，傍晚时分的阳光照亮了东方天空中的云，创造出两种色调间的微妙平衡。

**柔和的阳光**

- 尘霾可以柔化阴影的边缘，降低清晰度，但依旧需要在晴天进行拍摄。
- 柔和的阳光可以弱化拍摄主体上亮部与暗部的对比，既能确保立体感，又能避免明暗对比过于强烈。

**灰蒙蒙的光线**

- 如果你想要阴影消失，完全阴天时的光线是最佳选择，这时的光线几乎不会产生阴影。
- 适用于拍摄大型建筑的精细细节，例如工业厂房或花园。
- 地面和天空的对比可能会产生问题，所以可以试着拍摄一些没有天空的照片。

**柔和的灰暗光线**

- 灰暗的光线加上雾霭。
- 可以增强场景的纵深感和空气感。
- 可以让画面更加丰富、微妙，增添氛围。
- 曝光的可选空间较大，可以提高或降低曝光值，让画面更亮或更暗。

**较暗的灰暗光线**

- 产生于天气非常阴沉时，通常还伴有一些有纹理的云朵和一些从地平面射向天空的光线。
- 暴风雨天气时，通过低曝光值（比平均值低一些）和将天空纳入画面的方法，拍摄可以达到最佳效果。

**有水气且灰蒙蒙的光线**

- 产生于阴雨连绵的天气。
- 这种情况下的空气条件类似于雾霭形成柔和的灰暗光线时的空气，只是多了些晶莹的水珠。

**雨中的光线**

- 雨天时，阳光照在雨滴上形成的一种特殊光线。
- 可能会出现彩虹。
- 逆光拍摄时，光线可以照亮雨滴，制造出特别的光彩。

**白色光线**

- 出现于水面或雪上笼罩着薄雾时。
- 可以带来柔和的、不产生阴影的明亮光线。

**暴风雨时的光线**

- 出现于暴风雨天气时，阳光穿透厚厚的云层，这种情况短暂且不可预测。
- 非常适合风景摄影。
- 如果用深色的背景，加上聚光灯照亮某个区域，可以在画面中形成鲜明对比，制造出很好的效果。

**尘埃光**

- 灰尘比形成雾霭的水滴大，所以可以形成更厚重的空气环境。
- 经常出现在沙尘暴之后。
- 也可能出现在重度环境污染的情况下。

**薄雾光**

- 薄雾和大雾的区别在于能见度的不同。
- 能见度为1千米以上的雾通常属于薄雾。
- 薄雾光最有价值之处在于它可以给风景带来微妙的分割效果。

**浓雾光**

- 产生于大雾天气或高山上的云雾层中。
- 通常情况下，雾的厚度会发生变化。如果一味等待雾气散去，以求让景物更清晰一些，反而会错失拍摄的良机。
- 不可预测。

# 室内光

**室内空间的光线与室外的自然光相比，会产生完全不同的效果。具体的原因有很多方面，其中一个是室内环境本身就多种多样，既可能是空旷的公共空间，也可能是较小的家庭空间。另一个原因是，与室外不同，在室内拍摄时需要平衡好日光和人造光。**



在室内拍摄时，有些情况是你无法控制的，例如，当你拍摄时，一束阳光透过窗户直射室内，而后光线又被云朵遮住。不过多数情况下，你还是可以早做准备的。在晚上拍摄可以解决日光和人造光冲突的难题，当然也可以用百叶窗、半透明的塑料布、薄纱或者白布挡住窗户。除此之外，你还可以用摄影专业灯光器材作为补充。家庭空间通常不会很大，所以更适合使用添加摄影专业灯光器材来控制光线的方法。

室内光线的一个主要特点就是高动态范围，特别是在朝着光源拍摄时，例如白天朝着窗户拍摄时。常用的解决方法是，用摄影专业灯光器材来补光。不过，现在可以采取一种更可控的方法，那就是拍摄一系列曝光值不同的照片，创建HDR文件，然后通过数字化的后期处理来提亮阴影、调暗高光（详见第92～95页）。

有这么多可供选择的布光方式和处理方法，你可以创造出各种各样的风格，具体做何选择就取决于你的品位了。几个世纪以来，画家们一直在探索布光风格，所以我们所拥有的最宝贵的资源之一就是古典画。我个人最喜欢的风格是冷色调的、平静的、有空气感的，这种风格是由17世纪的荷兰画家们创造的。这种布光方式是让柔和的平行光从一边射过来，让拍摄主体的1/2或大约1/3处于阴影中。将这种布光方式运用得登峰造极的大师是约翰内斯·维米尔（Johannes Vermeer），他创作了《厨房女仆》和《戴珍珠耳环的女孩》等名画。这种布光方式的具体方法是让拍摄主体站在一个大窗户旁，但不要让阳光直射进来，而且不要让窗户进入画面；让拍摄主体与背景保持一定距离，不要拍到太多背景细节；允许阴影区域保持深

**下图：**光线透过窗户直射到拍摄主体上，创造出一种出乎意料、引人注目的效果。面部的光来自地板反射出的光线。

暗色调，且不要过度提亮阴影。这种布光方式通常能给拍摄主体带来很好的造型效果，能较好地凸显拍摄主体的立体感。

**上图：** 朝着只有自然光照射的大窗户拍摄，有利于营造气氛，但通常需要使用HDR技术。

**下图：** 在这所房子里，室内游泳池上方的天井在没有开窗户的情况下让室内的明暗形成了良好的对比。

# 布光

**在第60～73页，我介绍了大量关于灯光器材选择的内容，那是为了让你能够从零开始学习布光，让你能够从简单到复杂地布置出任何想要的灯光效果。**



在影棚里进行创意布光的一个重要问题是，如果只将注意力都放在效率上，就很容易忽视趣味性。尤其是商业摄影，通常需要根据客户的需要以“正确”的方式呈现拍摄主体。在室外，自然光是易变化的、易受环境影响的、多样的、出人意料的，所以它更容易激发想象力，让摄影师创造出惊人之作。要想在影棚里创造出这样有创意的效果，摄影师需要有高水平的布光能力，需要熟知布光的各种知识，持续关注并一直保持想象力。也就是说，如果想要成功地布置出有创意的灯光效果，你首先必须知道自然光是如何发挥作用的。

正如我在前文所介绍的，室外的自然光是非常充足的。几乎所有室外场景中都有不止一个光源，即使这些光源都来自同一处——这并不相互矛盾。这唯一的来源是太阳，阳光照射到物体上，再被物体表面反射，或者被物体（透明的）折射，抑或被物体遮挡一部分，都会形成另外的光源。例如，阳光照射到一个白色的墙面上，墙面会反射阳光。直射场景的阳光是第一个光源，反射光是第二个光源。可以参考这种情况，在影棚内模拟这一光照方式。首先，学会分析光线照射场景的原理——光线如何照射、会产生什么样的影响、什么元素会改变它。要想学习布光，观察、分析是最好的训练方式，所以，要多注意观察、分析一些不寻常的光照效果，特别是那些你喜欢并想要模仿的。

尝试用照明设备模仿自然光效果是一种很有效的练习方法，虽然有时候这不是件容易的事。由于太阳与地球的距离非常远，所以太阳可以被看作点光源，而大多数影室灯是有立体维度的。下文中的清单列举了影室灯的8个变量。只有第一个，也就是亮度，与光线质量无关，虽然它会影响相机设置，例如光圈值、快门速度、感光度。

**下页底部图：**用散射光分别从上面和下面照亮兔子头骨，这样头骨的上下两面都能清晰地展现细节，而且可以制造出一种头骨好像漂浮在半空中的效果。

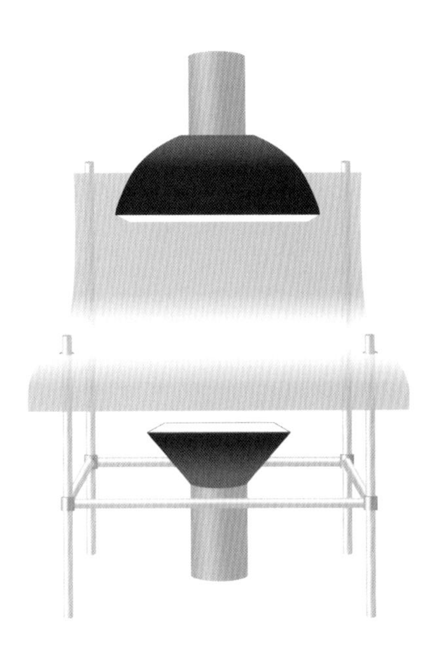

**上图：** 布光设置包括顶部中等亮度的灯光组、向上照射的较低亮度的灯光组、可以透光的弧形背景桌。

## 影室灯的8个变量

我们可以将影响影棚内的照明环境的要素分成下面这8个方面。第三至第五个变量决定着光线和拍摄主体的主要关系，它们同时决定着阴影的位置。影室灯布光的关键是控制好光源的这8个变量，最难之处在于确定光源的形状和位置。

- 亮度。
- 颜色。
- 尺寸。
- 与拍摄主体的距离。
- 形状。
- 与拍摄主体的位置关系。
- 与相机的位置关系。
- 方向。



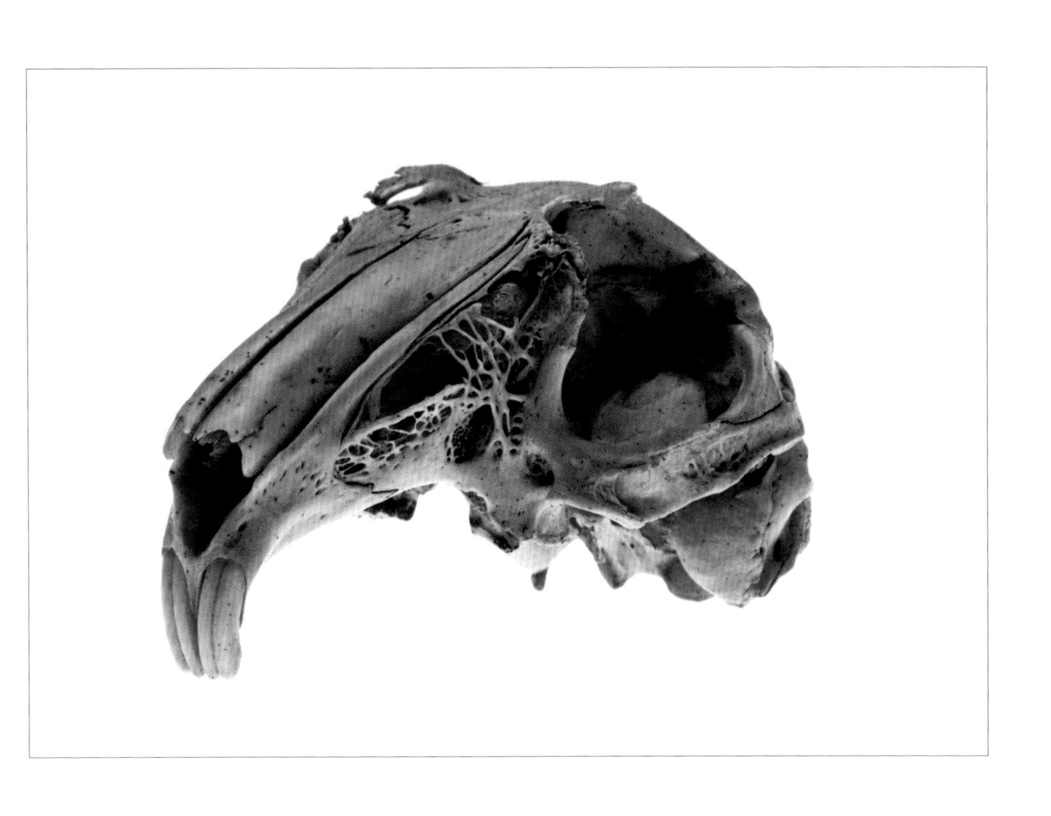

**上页图和上图：**拍摄的是一个镶有紫色水晶的金戒指。如图所示，分3个步骤进行拍摄，也就是分别拍摄3张布光方式不同的照片，然后用Photoshop将这3张照片合成1张照片。

**左图：**布光方式是用两个聚光的Dedo灯（点光源）来制造左右两边的高光，用一个中等亮度的灯光组从上面打光。

# 高调和低调

**高调和低调是两种极端的布光风格。高调风格明亮、轻快，低调风格更适合营造氛围、渲染情绪。这两个术语都来自电影行业，而且都相当专业，不过现在它们发展成了被广泛认可的风格。这两种风格，既可以在自然光线下拍摄，也可以在影棚里的灯光下拍摄。**



这两个术语中的“调”是指“调性”，指的是传统的用于电影和电视的单一主光源。这种三点式照明的组成是用一个主光（决定调性）、一个辅光和一个背景光（用于突出头发或轮廓，或者帮助拍摄主体从背景中凸显出来）。在高调风格的图像中，这三者是平衡的，主光和辅光的光比较低，没有浓重的阴影。

现如今，大型柔光箱或柔光伞在影棚里更为常见，它们可以有效地柔化光线，减弱阴影，但是这会提高场景的整体亮度。不过，这并不代表会过度曝光，所以它们更适合用于高调摄影，同时要求场景中不能出现太多深色景物。也就是说，虽然在高调摄影中整个画面的对比度非常低，但如果当场景中有小的、深色的景物，对比度的覆盖范围就会扩大，甚至会出现对比度涵盖从暗到亮整个范围的情况。如下图所示，拍摄主体可以是更小、更暗的物体。

低调摄影，在电影行业中使用的是被称为“黑色影片”的照明技术，是为整体较暗的场景打光。有多种方式可以创造这种灯光效果。低调摄影会形成非常高的对比度，同时拍摄主体很少会被完全照亮，除非它在画

**下图：** 玻璃反射的光线不仅给这张甜点照片添加了闪耀的元素，同时也增加了对比度。不过，这幅照片的高调主要还是来自受到强光照射的玻璃盘子。

面中所占的比例非常小。边缘光是低调摄影中非常典型的一种光型，有时使用聚光型的背景光，有时使用自然光，如上图所示。在黑暗背景的映衬下，它可以带来一种神秘感。由于拍摄主体与背景的对比没有那么强，拍摄主体不会非常清楚、明显，这会迫使观众多花一点时间来仔细观察它。

**上图：**用低调摄影来营造“去日留痕”的氛围。从窗户透进来的微弱余晖给场景提供了较弱的整体照明，同时使用较低的曝光值来捕捉这微弱的光线。

# 色彩

**就像你可以将光线作为摄影作品中最重要的元素一样，你也可以将色彩作为整幅摄影作品的拍摄主体。这听起来很简单，但要小心。每个人都喜欢漂亮的色彩，但不同的色彩可能会引发人们不同的感受。**



我们对色彩的体验不同于其他视觉效果。大脑以一种独特的方式处理色彩并影响我们的情绪。我们对色彩的情感反应是很复杂的，受文化、经历、生理等多方面要素的影响。每个人都有对色彩的个人观点，这几乎与图像中的其他要素无关。

你可以确定的一件事是，如果在摄影作品中固定使用某种颜色，那么你既会获得一批忠实拥护者，也会有很多批评者。20世纪70年代，当美国新的色彩学家出现时，他们鄙视恩斯特·哈斯（Ernst Haas）、皮特·特纳（Pete Turne）和杰伊·梅塞尔（Jay Maisel）的丰富色彩。与其他事物一样，风格和品位在色彩运用中起着很大作用。请记住，同样的色彩在不同摄影师的手中可能会产生不同的效果——同样的色彩可能在一个摄影师手中表现得精彩微妙，而在另一个摄影师手中可能表现得单调乏味。接下来的内容将展示色彩如何传达场景的氛围、情绪和背景。

**上图：**一块粉红色的棉布覆盖着这个鸟笼。整幅图像几乎只有这一种颜色。

**上图：** 拍摄的是一处冰川融水形成的湖泊。被淹没了一部分的树木给绿松石色的湖水增添了一抹别样的绿色。为了保持单色主题，取景器小心地避开了水体以外的任何景物。

## 光线和色彩

这两种元素密不可分，不仅是因为光线本身就有色彩，还因为光线的方向和硬度影响着色彩的饱和度、高光和阴影。这三者又会反过来影响色彩的风格，如下所述。

- 有两种光线可以增强色彩的丰富性。一种是清晰的直射光（例如在晴朗天气下，太阳略高于地平线时，顺光拍摄景物）；另一种是灰蒙蒙的、柔和的漫射光。
- 在柔光照射下，柔和的色彩会形成较低的对比度。
- 为了避免阴影削弱色彩，应通过构图让阴影在画面中占据较小的面积，同时降低曝光值，让阴影尽可能暗一些。
- 高光对削弱色彩的影响甚至比阴影更严重。为了避免高光的不利影响，同样要让它在画面中占据较小的面积，或者在漫射光环境中拍摄。
- 在晴朗天气时的黄昏，天空中常常会出现晚霞，云朵也会反射出各种微妙的色彩。

## 色彩的地域特性

配色是指一些颜色以某种方式相互配合，传达某种情绪和氛围。在摄影中，可以进一步利用配色，研究如何通过色彩表现场景的氛围。在葡萄酒行业中，大力推广的一种理念是通过"风土"宣传葡萄酒，提到"法式"，人们就会联想到来自特定产区的葡萄酒，从而联想到高品质葡萄酒的酒香和味道。这个方式在摄影中也同样适用，特别是在色彩方面——以某个地区的名字代表某种特殊的性质。

一些地区具有明显有别于其他地区的色彩特性，所以用镜头发掘并展示这种特性会引起观众的极大兴趣。你走在什么地方、拍摄什么景物，都决定了色彩的组合是什么样子。上图就能很好说明这一点——人烟稀少的冰岛以其梦幻但荒凉的自然景观而闻名，也许正是因为如此，冰岛人经常使用鲜艳的色彩涂刷房屋，尤其是屋顶。所以这样的色彩风格（详见第206页）就形成了这个国家的典型景观。试着在你的周围或下一次旅行的地方找一找类似于这样有特色的色彩风格，例如，人们看到蓝顶白墙就会联想到希腊，看到被石楠覆盖的景色就会联想到苏格兰峡谷，看到蓝绿色的海水就会联想到挪威峡湾，看到土黄色、红色和绿松石色相融的景色就会联想到新墨西哥。你可以自己搭配出一个能代表当地风景、光线、文化的色彩组合。带着这样的目的去探寻，你可以尝试拍摄一系列作品，且每一张只有一种具有代表性的颜色。如果你足够勤奋和幸运，也可能找到融合了多种色彩的场景。

**上图：**灰色和冷调的中性色是冰岛火山地貌的代表色彩，冰岛地区的彩色屋顶也同样具有代表性，这两者的组合让观众一下子就产生了对冰岛的联想。

**下图：**这张照片刻意将棕色的旧木板桌作为背景，它与桌上棕黄色的茶水配合，很好地凸显了静物这一拍摄主体。

## 和谐与不和谐

在摄影中，一种颜色需要用另一种颜色来衬托。如果画面中只有一种颜色或者一种颜色占主导地位，无论你有多喜欢它，都需要添加另外一种颜色，用来从视觉上平衡它。当然，这意味着需要在同一画面内将不同的颜色组合起来。虽然你会根据最吸引你的东西和场景中的重点做出本能反应，但了解大脑对颜色认知的基本知识会更有助于选择合适的颜色。关于哪两种颜色更相配，哪些颜色不相配，每个人都有自己的观点，而且每种观点都不尽相同。不同的颜色搭配在一起，不一定总是美丽诱人的，也许它们会不那么好看，不过颜色冲突也可能是很有趣的。

搭配在一起能呈现出和谐效果的两种颜色被称为“互补色”，它们不只符合大多数人的认知观点，在视觉原理上也有其科学依据。基本上，在色相环上，处于相对位置的两种颜色彼此间有较高的和谐度。例如，红色和绿色，蓝色和橙色，紫色和黄色都是互补色。约翰·沃尔夫冈·冯·歌德（J.W. von Goethe）通过展示不同亮度如何进一步影响互补色的比例，进一步深化了这个理论。纯红色和纯绿色有着同样的亮度，所以这两者的完美比例是1:1，蓝色和橙色的完美比例是2:1，紫色和黄色的完美比例是3:1。不过，就像所有优美的公式一样（例如黄金分

割比），仅仅符合视觉原理并不能保证画面是漂亮的。多数情况下，组合颜色既包括通过构图安排两种颜色的距离，也包括通过景深凸显或削弱某种颜色。

**上图：**强烈的绿色、蓝色、橙色混合在一起，从传统观念上来看，它们是相互冲突的。不过怎样进行颜色组合最终都取决于个人审美。

**上页图：**拍摄于南美洲。单色是这幅照片的主题，它给这幅图像带来了一种简单的和谐感。

## 浓郁与柔和

浓郁的色彩就如同食物中的强烈味道，瞬间就能给人带来强烈的刺激，让人获得满足感，而且人们喜欢这种感觉——不管这种刺激是否持久。这种感觉通常不是难以察觉的。从科学的角度来分析色彩的色相、饱和度和亮度，浓郁的色彩意味着高饱和度和低于平均值的亮度。柯达胶卷就以其浓郁的色彩而著称，它既能提供比平均值略低的曝光值，又能保证标准、专业的质量。依靠过度的后期处理来获得浓郁的色彩被看作技术不足的表现，而且使用这种方法需要首先能够找到场景中本身就已达到饱和的色彩——这些色彩有时比较容易找到，有时则不太容易找到。其次，你需要在光线比较强且是顺光或者漫射光（例如在阴影里）的环境下拍摄，并且在两种情况下都要保证不能过度曝光，亮度和饱和度需要通过后期处理进行调整。提高对比度、降低黑色色阶，都有助于获得浓郁的色彩，当然直接提高饱和度也可以做到这一点，但是这种方法太过简单粗暴，缺乏艺术性。

与提高色彩浓郁度相反的方法是巧妙地处理去饱和的色彩（详见第198页），它在艺术领域是很重要的，而且取决于摄影师的审美品位。同时，这种方法的关键在于场景中的实际色彩是什么样，以及你如何处理它们。多数情况下，自然界中的色彩通常是低饱和度的。所以，自然界中的色彩的对比度比浓

郁色彩的对比度低，但这也让我们可以更容易轻松地把不同的色彩和谐地混合在一起。例如，大地的色彩通常是低饱和度的红、黄混合色。当你通过曝光让柔和的色彩呈现出轻快、明亮的感觉，我们一般会将这些颜色划分为“淡彩”。就如同我在前文中用食物的强烈味道类比浓郁的色彩一样，低饱和度的、柔和的色彩就像是微妙的味道，更适合安静地细细品尝。

**上页图：** 逆光环境，让墨镜、啤酒、绿色的酒瓶都呈现出高饱和度的色彩，以此形成了这幅静物摄影作品的色彩基调。

**下图：** 低饱和度甚至接近单一色调的色彩进一步凸显了照片中寒冷的、多云天气的忧郁氛围。



©Westersoe/iStock

# 复古的黑白照片

**就像你可以将光线作为摄影中最重要的元素一样，色彩也可以——你也可以将色彩本身当作整幅摄影作品的拍摄主体。虽然这听上去很简单，但是你依然要小心，因为几乎每个人都喜欢漂亮的光柱，但对色彩可不一定，不同的人对颜色有着不同的喜好。**

最初，摄影通常只意味着黑白照片。受到杂志和书籍的标准印刷方法的限制，这种情况一直延续到20世纪60年代。不过，随着技术的发展，当人人都能轻松购买到彩色胶片后，彩色照片就立刻取代了黑白照片，成为摄影行业内的主角。彩色照片更接近于人们所看到的真实世界，因此更容易受到人们喜爱。从柯达胶卷所适用的胶片相机到现代数码相机，照片的丰富多彩是它们的主要优点。不过，在艺术摄影、新闻和纪实摄影、街拍这3个领域中，黑白照片依然占有一席之地。而且，现在正逐渐兴起一股复古潮流，越来越多的摄影师开始拍摄黑白照片。这也许是因为人们想要回归传统；也许是因为在现实生活中我们周围有太多色彩，人们有些厌倦了。数码相机“三通道”的记录方法让摄影师能够轻松地将图像转换为单色调——这在以前是不可能实现的。

黑白照片受到喜欢的重要原因在于黑白照片与现实世界有种距离感。我们所能看到的世界是彩色的，自然而然，多数摄影作品也是彩色的，它们展示的即为我们所见的。这就让我们产生了这样的预期——彩色图像应该准确地呈现场景本身的样子。但黑白照片不会受到这种预期的束缚，在人们的观念中，它本来就是一种演绎，而不是真实再现，是与现实世界存在差距的。所以，如果你想要进行创意表达，但是现实主义并不能满足你的需求，那你可以选择黑白照片。现实世界里，到处都有色彩，通过后期处理甚至可以让色彩变得更浓烈、更丰富、更鲜艳。这反而让黑白照片显得更精炼。同样，通过后期处理，我们可以将彩色照片转换为黑白照片，如同我们将在下文中看到的那些图片一样，它们显得更有创意。亨利·卡蒂埃-布雷松（Henri Cartier-Bresson）曾说过：“黑白摄影是对事物的抽象表现，我喜欢它。”

**上图和右图：** 场景中本来呈现的是蓝色的天空、红色的屋顶和绿色的植物，经过后期处理，它们都被转换为黑白色，变成了图形样式的色块。减少蓝色和青色让天空和阴影的暗度提高，同时提高红色的亮度，让建筑的屋顶与天空形成鲜明对比。整体形成重叠的三角形效果——这主要是转换为黑白照片的好处。

## 适合转换为黑白照片的情况

可以将彩色照片转换为黑白照片是数字化摄影的重要贡献之一。由于几乎所有彩色图像中都包含色彩的3个通道的信息，所以可以利用这些信息，准确地选择将哪种色彩转换为灰色。这不仅是一个功能强大的工具，你还可以在任何时候选择应用这个工具。它带来了一个全新的选择方式。在过去那个没有数码摄影的年代，你必须在安装胶卷时就做出决定——是要拍摄彩色照片还是黑白照片。也就是说，如果你用黑白胶卷拍摄，就已经放弃了景物的自然色彩，构图时就要将景物当成黑白色，设想它们的效果——这是一种与彩色照片构图所不同的独特的创作过程。现在，因为数码摄影的出现，你有了自由选择的余地，可以通过后期处理将照片转换为色彩完全不同的图像。

这样做的优点当然很明显，不过这种自由也带来了一些问题：你会思考得越来越少，并且越来越依赖后期处理。如果你想要有效地利用黑白摄影，就需要了解它与彩色摄影相比，优势在哪里。从视觉上讲，黑白摄影的核心价值在于可以强化线条、形状、质感，而且它具有更广的色调范围，从深黑到纯白，中间是变化细微的、各种明暗度的灰色。一些场景和拍摄主体本身具有广泛的色调，有一些则不具备，而黑白摄影可以解决这些场景或拍摄主体不具备广泛色调的问题，这是彩色摄影做不到的。

摄影问题的产生主要与色彩或光线有关，而且通常其中一个会影响另一个。例如，你可能不喜欢正午时分的色彩和阴影，黑白照片可以解决这个问题。相较于彩色摄影，黑白摄影受时间的影响要小得多。在场景中，可能有一些区域的色彩很强烈，会分散观众的注意力。有些区域由于具有不同的色彩，在彩色照片中彼此孤立，但是在黑白照片中，

**上图：** 这两张沙漠的照片都拍摄于苏丹的红海丘陵地区。将彩色照片转换为黑白照片增强了夸张感和对比度。原本是蓝色的天空映衬着橙黄色的岩石和沙土，轻松实现了明暗度的对比。

**上页图：** 拍摄于长江上游。占满整个画面的层层叠叠的山脉让图像呈现出一种沉闷而单一的棕色调，所以提高了颜色的饱和度，然后将其转换为具有高对比度的黑白照片，为画面增添了质感并提高了清晰度。

它们可以联系在一起，你可以认为这是一种极端的色彩分级形式。

**转换的理由**

**需要解决的问题**

- 不喜欢的色彩。
- 不喜欢的光线。
- 缺乏连续性。

**黑白照片的价值体现**

- 线条和形状。
- 形式和结构。
- 质地。
- 抽象。
- 亮调、暗调。

## 如何转换为黑白照片

为了更好地控制转换效果，请使用电脑软件来进行转换，而不要用相机转换。有很多可供选择的电脑转换软件，其中一些是专业的，不过所有软件都是依靠混合色彩通道来控制将色调转换为灰度的，这些软件主要的区别在于控制功能的显示方式。例如在Photoshop中，调用黑白转换功能的途径是图像—调整—黑白（此处的应用过程适用于所有软件）。在所有转换软件中，每个步骤都有替代方案。

- 打开“黑白”对话框，对话框中会显示默认的预设模式。
- 通过勾选、取消勾选“预览”复选框，对比彩色和黑白图像，查看默认模式会将彩色转换为什么程度的灰色。
- 单击“预设”下拉列表框，依次应用12个预设转换模式，看看不同的模式分别会产生什么样的效果。其中一些效果很夸张，可以显示最大的明暗度范围。判断你喜欢哪种转换模式，在心里记下来。同时，查看不同模式的参数设置有什么区别。你可以通过学习这些模式的预设参数掌握更多关于黑白图像转换的技巧。
- 要记住你对图像的最初看法以及你想要的转换效果是什么样的，例如是想要较暗的天空还是较亮的天空？是想要较暗还是较亮的肤色？
- 要注意，图像中大部分色彩所包含的信息都比滑块能调整的多，了解这一点在调整图像中的元素时非常有用。例如，一直延伸到远处地平线的蔚蓝天空中既有蓝色，也有青色，靠近地平线的区域偏青色。这就可能导致仅在天空部分出现明显的明暗对比（通常情况下，青色区域偏亮，蓝色区域偏暗），当然也可能出现色调均匀的天空（这需要青色区域较暗，蓝色区域较亮）。绿色植被中既包含绿色，也包含黄色，其转换方式与天空相似。
- 如果图像中有色彩相近（或者是由同一色彩滑块控制的）但位置分离的元素，而你只想改变其中的一个，可以使用更复杂的技巧——添加一个复制图层，运用两种不同的转换模式，然后擦掉多余的部分，再将图层合并。这种方法会增加一些工作量，不过它能独立地转换不同的色彩、不同的区域。

**下页图：**在这张拍摄于缅甸的大理石雕像照片中，主题是要表现两张脸之间的巧合，一张脸上有阴影，另一张脸上有口罩。通过调整，照片的过饱和提高了画面的对比度，让转换后的黑白照片中的对比更加鲜明，进一步增强了口罩和肤色之间的对比。

初始的彩色照片

由彩色照片直接转换而来的黑白照片

通过提高饱和度让图像更有吸引力

## 丰富或广泛的明暗范围

黑白色允许的处理程度比彩色高得多——从摄影的暗房时代开始就是如此。其根本原因是，如前所述，彩色影像呈现的是现实世界，如果色彩与人们眼中的真实景物差别过大，会让人觉得别扭，而黑白影像没有这个包袱。过饱和与超精细的色彩处理（详见第92～95页）就能证明这一点。即使极端的黑白色会让画面看上去非常不真实，但它仍然可以被大多数观众接受。在黑白摄影中，有两种审美延续了很长时间，大约有一个世纪之久。一个是浓重黑色和纯白色之间形成的强烈对比，另一个是灰色调之间形成的微妙对比。在第一种审美下形成的画面中，浓重的阴影区域与几乎纯白色的区域形成鲜明对比，这种画面中的黑色会给人一种奢华的感觉，就像在其他类型的印刷品或绘画中浓重的墨色一样。这种情况有两种变体——高调和低调（详见第136～137页），这两种调性在阴影和高光区域都极不平衡。

在第二种审美下形成的画面有着明暗范围广泛的灰色，这是一种延续自19世纪末的铂钯印相工艺。作为另一种调整处理方式，这种审美正在逐渐复兴，虽然这与我在这里所谈的内容关系不大，但它的确是一种与黑白审美不同的类型，其中的灰色之间的区别被扩大和分离。它的效果也许不如强烈的黑白对比那么具有吸引力，但是它微妙且柔和的色调自有一番魅力。用这种工艺制作的照片较少强调图形和块状形状，更多强调图像的细微差别和细节信息。

一种常见的误解是，用铂钯印相工艺制作的照片有很广的明暗范围，而事实上，它的范围远小于普通的黑白图像，因为这种照片中最亮和最暗的区域远不及纯黑色和纯白色。所以，这种照片的显著特点是中间色调之间的细微区别。就像在低动态范围图像中，你可以选择深化处理中间色调，也可以选择较暗或较亮的色调。

**下图：**一个高海拔山口的黑白照片。用纯黑色和纯白色形成最强烈的对比，以及整体丰富、浓郁的效果。

**右图：**一棵刚从晨雾中显露出身影的树木。这里需要用相反的处理方法——以中间色调及它附近小范围内的色调为关键色调。

如同其他艺术创作一样，摄影通常需要在呈现形式与拍摄主体，也就是在形式与内容之间找寻平衡。在这个天平的一端，是通过构图、色彩、明暗等形成的抽象的感觉，完全依靠图像对感官产生吸引力。在天平的另一端，是拍摄主体，画面的重点完全是相机前的那个拍摄主体，很多新闻摄影就属于这一类。大部分图像介于这两种极端情况之间。它们既是关于某一拍摄主体的，遵循拍摄这类主题的惯例；但同时，又需要将图像制作技巧融入其中，以拥有更大的吸引力。

欣赏一幅照片，最传统的方式是观察它的拍摄主体，不过现在事情不再像以前那么简单了。在过去，摄影师会以自己的主要拍摄主体来给自己命名，例如风景摄影师、肖像摄影师、运动摄影师、街拍摄影师等。现在虽然基本上还是这样，特别是当拍摄主体需要摄影师具备特殊的技术时，例如拍摄野生动物，但是相机的记录作用已经不再像以前那么重要了。拍摄主体依旧非常重要，但只是简单地拍摄一张关于拍摄主体的照片却不太能完全满足观众的需求了。过去，摄影师只要能记录下拍摄主体就够了，但是现在，摄影师会尝试探索传统拍摄主体的更多可能性。标准的拍摄主体分类方法正在更新。

# 第3章 拍摄主体

# 人像

**要论艺术形式和它的内容之间的搭配性，摄影和人像这一对肯定是最好的。不论是在影像还是在文学作品中，人都是最多变、最具情感吸引力和最重要的主体，因为世界上没有比人更复杂的生物了。**



不论在什么类型的图像中，拍摄主体都会以自己的方式展示自己、表达自己、保持自己，而这些都可以在瞬间改变。独特的捕捉瞬间的能力，正是摄影作品天生适合成为展现人物的媒介的原因。没有其他媒介能像摄影作品一样做到这一点。用一张照片定格瞬间，表现出拍摄主体的特点——在这一方面，摄影作品所起到的作用，远比视频或影片强大得多。它之所以具有如此强大的能力，是因为摄影师必须精准地发现那个瞬间并将它拍摄下来。

拍摄人像有两种方法：一种是在获得拍摄主体允许和配合的情况下完成的；另一种是抓拍，或者说是在拍摄主体不知情的情况

**下图：**在为顾客服务的间隙，莫斯科一家百货公司的女售货员脸上掠过一个沉思的表情。

下完成的。在拍摄主体不知情的情况下拍摄（抓拍），意味着摄影师是站在客观的角度记录的，这种拍摄更纯粹。这几乎是街拍摄影师的普遍理想，以至于当有人看向相机时，大多数街拍摄影师都会觉得这张照片失败了，失去了街拍的意义。不过，这也不是绝对的。美国摄影师布鲁斯・吉尔登（Bruce Gilden）就曾拍摄过一系列风格独特的街拍照片——近距离直接拍摄陌生人。在很大程度上，这取决于你选择以什么样的形式和程度来表现拍摄主体的面部表情。如果只是一个普通的微笑，或者只是表现出“我看见你在拍我了”，那照片就没有什么价值；但如果表现的是一种充满信心和力量的坚定目光，就可以有力地表现拍摄主体的人物形象。

**左图：** 这张照片与上一页的照片正好相反，这个小女孩正面对她的妈妈，脸上露出非常激动的表情。

**左图：** 拍摄于毛里求斯的马埃堡。以老旧街道上的理发店，表现这个小镇的生活状态。

# 表情、手势、姿势

**人们在相机前表现自己通常有3种方式，即通过表情、手势、姿势；不同的方式适用于不同的拍摄距离。表情适用于近距离拍摄（特写），因为特写拍摄的重点是面部。然后是手势，包括手部和胳膊，适用于半身照。最后是姿势，适用于全身照，不论是站着、坐着，还是正在走路。**



一般情况下，不会同时将这3种对象作为拍摄重点，不过当你在拍摄时，要保证至少瞄准其中一种，并表现出它的独特性。

当人在相机前用独特的方式做动作或者表现他们自己时，画面会变得有趣，且值得被拍摄。平淡的表情、颓丧的姿势和乏味的动作到底是否值得拍摄？观众在看一张人像照片时，心里已经默认它应该是有趣的、与众不同的，但如果照片与他们的预期不符，就会让他们失望。除非是以下两种特殊情况：一是拍摄主体本身就与众不同，或者非常美丽，或者很怪异，这是一种处于主流摄影边缘的类型；另一种是拍摄主体是名人。不过对于大多数观众来说，他们之所以会对照片中的人物感兴趣，还是因为其行为有趣。

**下图：**在布鲁塞尔的室外咖啡馆，一位顾客做出稍显浮夸的表情和手势，摄影师将这个瞬间抓拍下来。

**左图：** 姿势包含整个身体的动作。在这张照片中，一位苏丹人扛着他的货物走在街上，整个身体呈现出优雅、流畅的姿态。



在人像摄影中，变化幅度最小但却最有表现力的是表情。我们常常被面部表情所吸引，大多数人都相信自己能从中分辨出别人的想法和感受。手势包含手指、手、胳膊（偶尔也包括脚）的姿态和动作。在不同的文化、不同的社会环境中，手势的特征及其所表现的意义不尽相同。不同的拍摄范围或距离，对手势的表现力也不同。姿势是全身性的，也可被称为“姿态”，没有哪个词能完全囊括人的所有姿势。当你站在能够拍摄到某人整个身体的位置时，人物的面部表情可能就不是很清楚、明显。体育运动（或者任何剧烈的身体活动）中的姿势最为独特。在新闻报道或肖像摄影中，运动的姿势很值得关注，因为漫不经心的摄影师常常会忽略动作之间的细微差别。

# 人像的摆姿

**抓拍和摆拍之间最根本的区别在于人的摆姿是否刻意。对于前者，相机没有干扰拍摄主体，摄影师只是个安静的观察者和记录者。而在摆拍的人像照片中，摄影师和拍摄主体之间是有默契的。**

在摆拍的人像摄影中，摄影师和拍摄主体通过合作完成拍摄，不论是在街道上的短暂合作，还是在影棚里的长时间合作。拍摄主体通常想要让自己看上去更好；摄影师有时会同意，有时会有相反的意见。不论是哪种情况，两人之间都是有联系的。人像摄影的拍摄重点一般都聚焦在面部，这里是情绪表达最强烈的地方。

人的面部会展现情绪和感受。面部可以多大程度地展露复杂的个性——这是一个永远值得讨论的话题，有些人坚信“眼睛是心灵的窗户”，但有些人对此持强烈的反对意见——即使是伟大的画家们对此也没有定论。加拿大的约瑟夫·卡什（Yousuf Karsh）曾写道：“我试图拍摄人的灵魂和想法。”阿诺德·纽曼（Arnold Newman）则相信：“我们只能记录人所展现出来的。但事实上，人的内心很少会向他人展露，有时甚至他本人都不知道自己的内心在想什么。”最伟大的人像摄影师之一理查德·阿维顿（Richard Avedon）则有更极端的观点，他说：“摄影中并没有真实，没有关于任何人的真相。”即便阿维顿是对的，但大多数人认为，向下的凝视意味着沉思和内向。不管是真是假，这在很大程度上取决于对时机的把握，所有的表情都是如此。如果拍摄主体知道并同意你拍摄他，那么你可以，或者说你应该负责鼓励他表现出内心，然后捕捉你认为能够体现其个性和情绪的瞬间。

也许最重要的是要记住，选择什么样的拍摄时机，取决于你的想法，也许这个瞬间的表情不一定与拍摄主体的内心想法一致，不一定具有代表性，甚至不一定合理。阿维顿曾解释过他为什么会在拍摄人像照片时使用大量的光线。他说，因为这样，“拍摄主体就可以随意走动，我就可以捕捉到他们在放松状态下显露出的表情，他们也可以放松地做出或者表现出我所期望的感受。”关键就在于最后几句：“我的人像作品更多的是关于我自己，而不是我所拍摄的人。”

**上图：**一位中国的收藏家正在打开一卷事先选好的画。

**下图：**拍摄这个关于寺庙的场景是有计划和准备的。一个僧侣正在演奏中国的传统弦乐器——古琴。

# 运动

**从定义上来说，体育摄影几乎都是关于速度和瞬间的，特别是当人处于体育竞赛和压力中时，人体会发生一些肉眼可见的变化。**



体育摄影是最常受器材影响的摄影类型之一，因为在大多数体育运动中，拍摄重点通常是动作（目的是将观众的注意力集中在动作上）和高速快门。这就需要长焦镜头。在专业领域，体育摄影需要可变焦的长焦镜头，这样才能保证摄影师即使站在固定的位置，也能拍摄到不同距离的运动物体。镜头的反应速度越快越好，那些最大光圈比较大的镜头允许更快的快门速度，而同时具备长焦、锐度高、反应速度快这3个优点的镜头通常比较昂贵。高速快门也依赖于好的传感器，需要传感器能在弱光环境下表现良好，也就是说当感光度提升至ISO 1000甚至更高时，画面中没有明显的噪点。

要想成功地拍摄运动的拍摄主体，需要具备以下3个条件。第一个是合适的器材，如上文所说的。第二个是了解每种运动项目，优秀的体育摄影师都非常了解他们的拍摄主体，能够准确预测接下来可能会发生什么。第三个是正确的拍摄位置，不过现在除了专业摄影师，其他人也都知道这一点了，大量的拍摄者拥挤在最佳机位处，真正的摄影师很难抢到那个位置。越来越难争取到好的拍摄位置的根本原因是体育运动的商业化，以及摄影师和电视节目摄像师对最佳机位的竞争。即使安排了拍摄位置，有许多体育节目也会通过电视进行转播，这意味着广告会出现在镜头中。较冷门的体育赛事和室外进行的赛事，例如马拉松和环法自行车赛，让业余摄影师更容易参与拍摄，但成功拍摄的关键是找到合适的拍摄角度。

**下图：** 拍摄于荷兰的豪达。提前了解比赛路线，就能提前做好准备，设置好相机的参数并获得一个专业且不被干扰的视角。

# 风景（海景、天空、城市）

**另一个在当代摄影中正在发生变化的拍摄主体是风景。曾经有一段时间，赞颂壮观风景的美丽在很大程度上就是拍摄的全部意义。**



安塞尔·亚当斯、爱德华·韦斯顿（Edward Weston）和盖伦·罗厄尔等人的照片之所以有价值，一方面是因为照片中的壮观景象，另一方面是因为他们的努力和高超的拍摄技术。大部分的努力都是体力上的，因为他们实际上是通过处理地形来展现一个美妙的视角。美国拥有广阔的疆域，几十年来一直是风景摄影师的理想拍摄地。

这么多年来，寻找美丽的光线、壮丽的景象的工作一直在进行。为了达到这个目的，摄影师们甚至越走越偏远，不过这些已经不再是风景摄影的顶峰。首先，到目前为止，雷同的图像越来越多——宏伟的地貌、绚烂的天空、夺目的光线，观众已经见得太多了，所以它们越来越难引起观众的兴趣。其次，自从20世纪70年代罗伯特·亚当斯（Robert Adams）撰写了《摄影之美》一书之后，很多风景摄影师就开始思考当代风景摄影的真

**上图：**这两张展现乡村景色的照片，正是因为其具有目的明确的视角，才显得与众不同，比普通的照片更有魅力。

**上页图：**本来可能属于障碍物的景物也成为画面的元素之一，特别是在类似这张照片的情况下。如果在眼前的场景中找不到适合成为拍摄主体的景物，就可以将近景中的障碍物纳入画面。

正主旨是什么，人们开始怀疑浪漫主义已经发展到了尽头。

随着时代的发展，人们用来充当屏保或桌面图像的风景照片的范围也越来越广泛，其中有环保主题的，也有从全新视角拍摄地球的。不过，具有视觉吸引力的图像仍然是目前最受欢迎的，而且很可能永远都是如此。但是所谓具有视觉吸引力，并不一定意味着它们符合传统审美。关于具有视觉吸引力的光线的标准虽然不会在短时间内发生改变，但是人们对于天气对摄影产生的影响已有了新的认识。而且，对于拍摄主体的选取，甚至对于构图，人们也有了新的想法和认识。

从前，风景照片较于拍摄主体为其他类型的照片而言，更容易受到规则的限制，例如要将地平线放置于特定的位置。但是现在，新的风景摄影开始接纳不同的风格。传统的风景摄影一般选取简单直白或能展现更多景物的视角；后来它逐渐变得夸张，开始越来越多地选取具有异域风情的拍摄场景；直到

©Clint Spencer/iStock

**上图：** 虽然我不建议你将自己置于这样危险的环境中，但是这样的照片的确更符合现代风景摄影的标准。这不仅拍摄了一个令人兴奋的拍摄主体，而且表现手法偏向印象派，不存在过度夸张的对比。



最近，风景摄影开始将目光转向简洁、宁静的场景。

现在，极简风格已经被成功应用于风景摄影。最著名的作品是由安德里亚斯·古尔斯基（Andreas Gursky）拍摄的《莱茵河》。这幅作品是目前世界上最昂贵的照片，价值高达430万美元（1美元≈6.45元人民币，参见2021年10月11日汇率）。为了拍摄出能"精准表现当代河流样貌的照片"，古尔斯基将图像简化为3条灰色色带（分别是道路、河流、天空）与3条绿色色带（草地）交织的样子，他说："我对莱茵河独特的、美丽的风景不感兴趣，我只想表现出它的现代感。"

杉本博司（Hiroshi Sugimoto）的系列作品《海景》（*Seascapes*），都是用经过长时间曝光的、超大画幅的胶片拍摄的，画面的特点是海水和天空的面积各占50%。他说："这是神秘中的神秘，站在海边，天空和水就在我们眼前。每当我看到大海，我就会感到平静，有一种安全感，就像回到了我的家乡。"在传统构图中，一般有前景、中景和背景。而他的作品与众不同，风景的布局和构图被重新定义。海景和天空变成了画面中的基本要素，而且两者的比例和构图会随着海平线位置的改变而产生轻微变化。所以我们既可以像杉本博司那样，以极简的方式处理这两个要素，也可以根据天气情况，以夸张的方式处理它

们。即使画面中根本没有出现海面，只有天空这一个元素，画面也可以很丰富，且具有戏剧性，例如最近出现的一个风景摄影的分支——以风暴天气为拍摄主体的摄影。平时，天空是平静的，但是在风暴来临时，天空的景观是快速变化的、充满不确定性的。

**上图：** 这张照片中，戏剧性的夸张效果是重点。天气和光线共同作用，使画面拥有了具有冲突感的、戏剧性的色彩。

过去，风景就意味着自然，但是现在的风景逐渐与人类世界相融，不再完全代表自然。建筑环境（这是社会科学的表达方法）正逐渐引起人们的关注，并成为风景摄影的对象。在建筑环境摄影中，焦点不仅集中在建筑物或建筑风格上，也不仅集中人们在城市中生活的方式上，还集中在城镇的构造上——它是什么样子的以及人们对它的感觉。城镇是我们大多数人所居住的地方，在观众眼里，城市景观缺乏浪漫的元素和天然的吸引力。到目前为止，摄影师们几乎已经拍遍了地球上所有的壮丽风景，但是人造环境却正在逐渐变得具有别样的风情，可以产生令人感到新奇的吸引力，正如下面的这张照片所示。也许，人们曾经关于风景摄影的理想还有更好的未来，因为我们可以去重新发现并记录那些几乎从未受过重视且大多数人从未想象过的地方。

**下图：**哈瓦那的街景。旧时城墙和 20 世纪 50 年代的美国汽车，让观众似乎看到了旧时光。



©Eva-Maria Fahrner-Tutsek

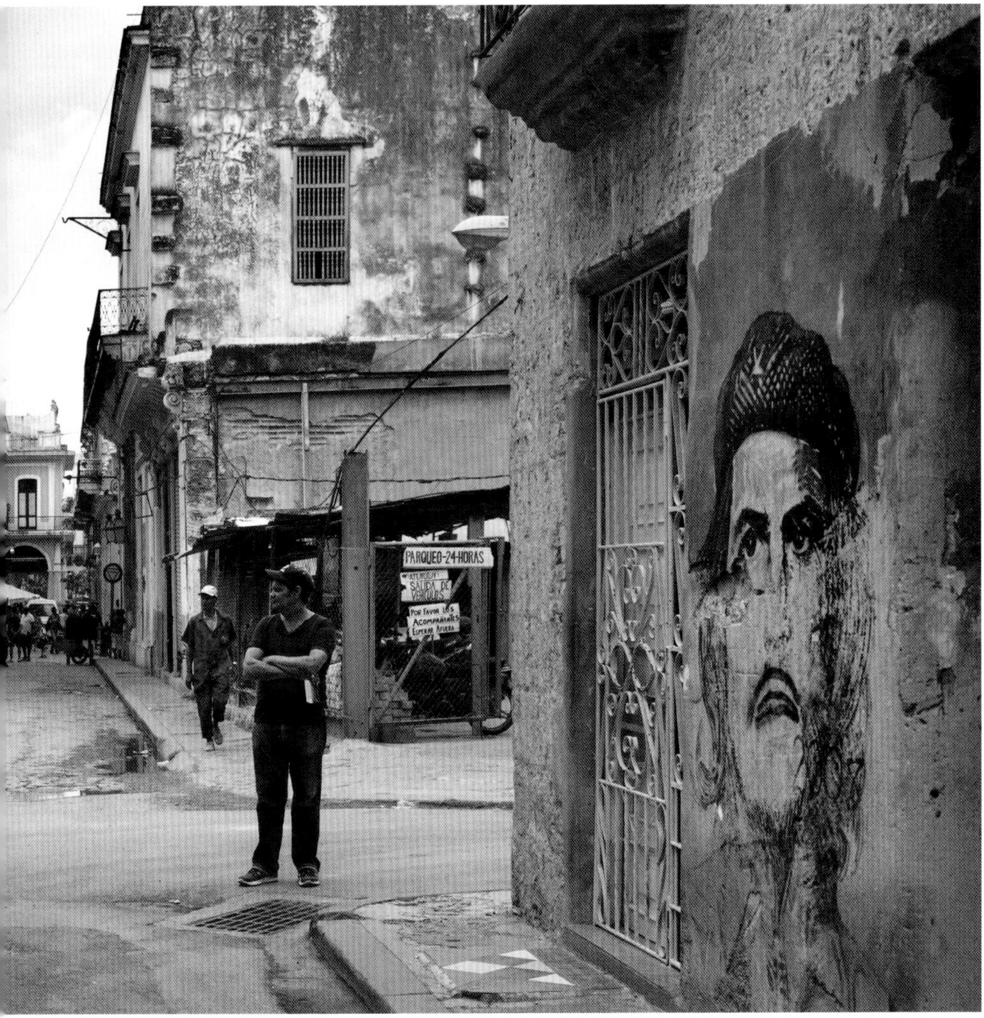

# 建筑

**当代建筑从未如此具有视觉吸引力，这必然对摄影产生影响。建筑运动不是凭空形成的，它们都是随着建筑结构技术的进步而出现的。**



正如摄影师喜欢打破界限一样，建筑师们也在寻找不同的方式，拓展他们表达的可能性。例如阿布扎比的首都门楼和西班牙的特内里费大礼堂这样似乎不受地心引力影响的建筑，例如弗兰克·格里（Frank Gehry）设计的不对称建筑，再如扎哈·哈迪德（Zaha Hadid）设计的流体形态建筑……当代前沿建筑都有一个共同点，那就是想要夺人眼球，令人惊奇。技术和资金是产生这一切的核心。对于热衷于夸张风格的建筑摄影师来说，这无疑是一个最好的时代。在建筑摄影师中有一个明显的趋势，那就是利用这些本身就具有夸张结构的建筑来拍摄具有引人注目的构图、光线和视角的作品。

虽然这是最新的趋势，但仍有大量历史建筑可以顺应这一趋势。传统建筑更适合用

**上图：**卡尔克修道院，一个典型的巴洛克风格的英国乡村庄园。清晨明媚的阳光充分展现了建筑的外立面。

**上页图：**东京的豆腐店，一所极简主义风格的房子，非常简洁，而且像是漂浮在半空中。这张照片拍摄于黄金时段。

传统技巧进行拍摄，例如，保持垂直线的垂直。这是最容易被观众接受的视觉形态。实际上，人类的大脑处理眼睛实际看到的景物的方式与镜头记录景物的方式存在着巨大的差异。所以，要想保持垂直线的垂直，从光学角度来看需要使用移轴镜头（详见第47页）；如果是数码摄影，则可以通过后期处理软件处理，这种方法相对简单，有好几款软件都具有校正透视变形的工具。

## 在当代应该拍什么

**建筑**

- 流动的曲线。
- 圆形的结构。
- 大面积的玻璃表面。
- 悬空的结构。
- 新型材料。

**植被**

- 生态型设计。
- 富有想象力的光线。



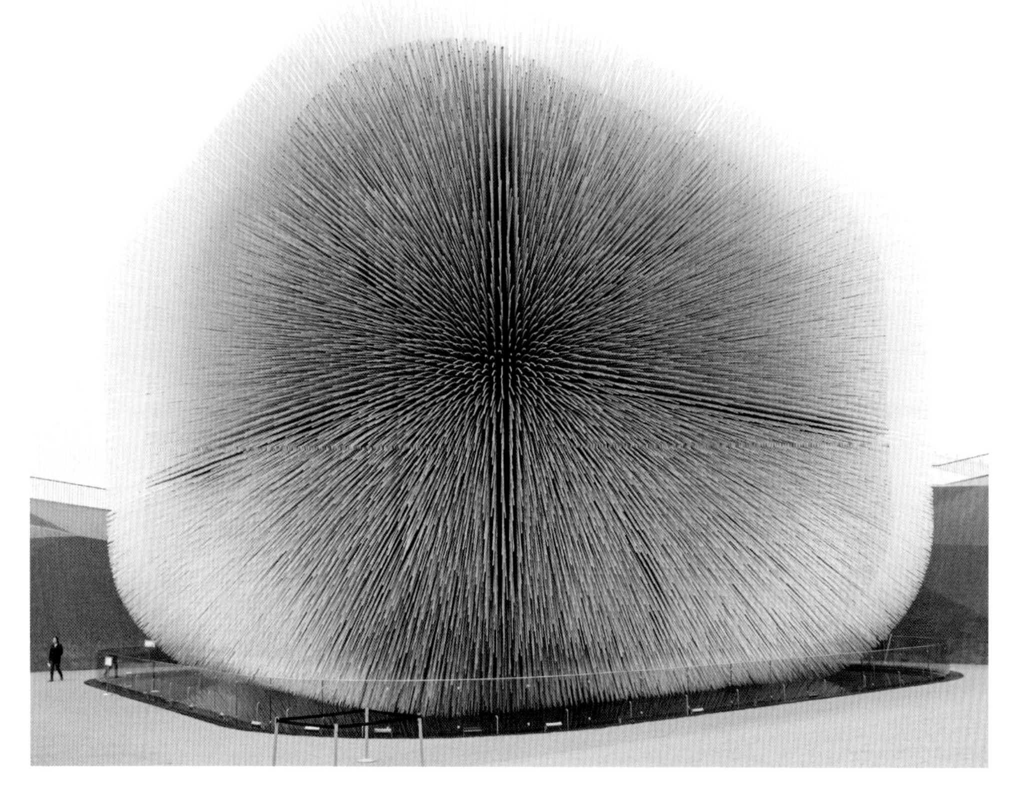

**上图：** 这是2010年上海世界博览会的英国馆，由设计师托马斯·西斯维克（Thomas Heatherwick）设计。展馆由6万根细长透明光纤棒组成，每根长24英尺（约7.3米）。

**上图：** 拍摄于中国台湾。这是一个树屋形态的日式茶馆，新奇且富有视觉吸引力。

# 室内

**当代建筑具有极强的视觉吸引力，这势必会对摄影产生影响。任何关于建筑的革新运动都不会独立发生，所有的建筑革命都受到建造技术发展的强烈影响。**



不论是在卧室还是在音乐厅，室内摄影都是对技术要求最高的一类。也就是说，只有掌握了布光和选取视角的技巧，你才可以在整个室内摄影领域游刃有余。下一页的清单展示了室内摄影在技术方面的各项要求，不过要注意，不要让这些技术主导你的拍摄。成功的拍摄最终还是取决于你对画面的设想以及你想传达的信息和情绪。而这些又取决于室内结构和装潢的风格，以及所拍摄照片的用途（例如是商业广告还是写真）。如果是历史建筑的室内摄影任务，你就应该考虑是否需要展示和表达与建筑的历史有关的背景或含义。

第一个要确定的是视角。先四下看看，仔细观察一下室内的布局，想象一下用超广

**下图：**新加坡旧时的“黑白”房子，通过使用广角镜头，表现出了室内的宽敞、明亮，展现出建筑的透气感（这种风格的建筑在空调出现以前是很常见的）。

**左图：** 在上海的一处20世纪20年代的公寓中，建筑设计团队SKEW collaborative设计了一套多平面结构分布在整个公寓中，这套连续结构兼具包括家具在内的多种功能。



角镜头会是什么样的效果，能够将什么景物纳入画面。通常，拍摄出接近合适效果的唯一方法是使用广角镜头，站在能获得最广视野的位置进行拍摄。这个位置通常是某个角落，但是这会带来一种风险，那就是拍摄出的照片太过普通，与常见的标准模式雷同，让观众觉得无聊。而且，广角镜头会导致近处的景物产生畸变，除非画面空间被地板或天花板占满。这些都可能影响你对拍摄位置的选择。如果可以，你应通过挪动家具或其他室内物品来解决这些问题。特别要注意的是，靠近相机以及画面边角的部分会产生畸变。另外，还需要考虑的一个方面是，从视觉上来讲，房间呈现为什么形状，什么样的画面比例最适合它。例如，某些室内适合用全景照片展示，那么宽屏的画面比例就更具优势，而且可以不将天花板和地板纳入画面。

布光也是极其重要的。如果你想在任何时候都可以进行拍摄，就需要从大量备选项中做出选择。

多数室内都有复杂的光线，既有从窗户

**如何拍摄室内**

- 选择视角和拍摄范围。
- 确定如何平衡窗户光、室内光和摄影灯光。
- 选择镜头，布置三脚架，固定相机。
- 如果有需要，重新安排家具和其他物品的位置。
- 计算最合适的景深和光圈。
- 安排灯具、反光板等布光器材。
- 如果使用32位的HDR，依次按照从小到大的曝光值进行拍摄。
- 如果想在后期对照片进行拼接，就需要在拍摄时对齐并进行局部重复。
- 如果可能，先下载照片做一个预处理，确保没有需要在拍摄现场纠正的错误。

射入的阳光，也有室内的人造光，这些光线的平衡取决于时间、天气情况以及你的选择（是否打开室内照明灯以及打开几盏；如果这些灯是可以调节亮度的，还要确定亮度）。如果可以，最好能花点时间事先了解灯光的可选项（详见第130页“室内光”）。这只是布光的第一步，在完成这一步后，你就能知道是否需要补充摄影照明器材，以提升某些区域的亮度或者专门照亮某个物体。一个常用的补光技巧是透过一扇开着的门，照亮隔壁的房间，因为这样可以获得更强烈的纵深感。另一个技巧是，使用聚光灯照亮某个区域，让整个场景更有生气。如果你只有一个或两个摄影灯，却想要照亮更大的范围，可以将摄影灯放在不同位置，分别拍摄几张照片，然后通过后期处理，将这些照片叠加起来。如果使用这个方法，就可以用一盏灯照亮整个室内环境。

**左图：** 6张照片分别显示的是使用一个聚光灯对准不同区域时的曝光情况。可以在Photoshop中将这6张照片作为图层，选择变亮模式进行叠加。

**下页图：** 通过HDR技术和拼接功能的共同作用，拍摄出室内充满阳光的效果。

除非你完全有自信在任何时刻都能够平衡光线，否则我强烈建议你用HDR模式进行拍摄。这样可以获得从最亮（通常仅指从窗户射入的日光，不包括单灯光源，因为它可以在后期被裁剪掉，且不会对画面产生任何影响）到最暗的整个亮度范围。拍摄HDR照片的通用规则是从没有高光溢出的曝光值开始（即最小曝光值），然后以每次2挡的速度递增，一直到最大曝光值（快门速度最慢，最暗的阴影区域显示为中性色调）。这样的HDR文件，如果转换为32位的图像，则可以用来解决任何光照问题（详见第92～95页）。特别是在你需要却没有摄影灯的情况下，可以使用径向滤镜在32位图像上进行局部处理，制造出有摄影灯照亮那个区域的效果。

# 自然状态下的物体

**如果说有一种摄影题材和街拍一样，需要完全借助自然光进行拍摄，这种题材就是环境静物摄影。如果想让拍摄的静物在自然光下呈现出最佳效果，表现出其所有的优点，那么从一开始就得精心谋划。**



正如我在第132页的“布光”中讲到的，要想仿造出复杂的自然光，摄影师需要具有丰富的技巧和经验，所以不如就使用真正的自然光。你可能会想，拍摄小型静物时，周围不需要有太大的空间，但是如示例照片所示，足够的空间能够让你在景深和对比上有更多选择。不论布光和布景是什么样的，影棚之外的真实世界总是充满特色和未知的，轻轻松松就能让静物富有生气。当然，重新布景或者重新摆放物品也能优化画面效果，而且实施起来很容易，所以也值得认真考虑。不过，在找到更合适的布景方式之前，最好先仔细观察一下静物的自然存在状态。在影棚里或家里，改进布景或静物的摆放方式存在一个风险，那就是很容易失去自然感。在自然光下拍摄静物的主要目的就是营造出一种随意、自然的感觉，这是在影棚内拍摄时很难实现的。

布光在自然风格中也扮演着重要角色，通常你会利用现有条件，如下一页的示例照片所示。辅光或反光板可以给某些区域添加一些微妙的光线，或者提高某些区域的亮度。不过，你也可以不使用它们，而是选择HDR模式，拍摄一系列曝光值不同的照片，然后

**左下图：**拍摄于印度金奈。一幅褪色的画和生锈的金属构成了一处具有特色的街头静物。

**右下图：**自然光从北面的窗户射入这家陶艺工作室，大光圈形成的浅景深营造出空气感。静物的布置看上去自然、随意。

用RAW处理软件对其进行编辑，调整局部。如果你的RAW处理技术还不错，那么你还可以模拟出局部光照的效果。

**上图：** 随手拍摄的农贸市场摊位上的咸鸭蛋。这张图告诉我们，只要善于观察，不需要刻意摆放，也不需要刻意布景，生活中随处都能发现美的静物。

# 影棚内的静物

**通常，拍摄物体的正式方式是将它们作为静物在影棚内进行拍摄。拍摄大多数静物时，只需要很小的面积来摆放它们，通常不超过1m²。所以，摄影师可以在任何地方搭建一个临时的静物影棚，例如，在办公场所或者某个角落，只要是能够搁置物品的地方就可以。**

从专业角度而言，静物影棚要求很高，而且需要齐全的器材，因为这样才能确保光线和背景都处于合适的位置。如果每次拍摄时，你都能不怕麻烦，认真设置好所有器材的参数、调整好所有器材的位置，那么这份努力一定会以最佳的光线质量回报你。而光线质量又对静物摄影起着决定性作用。正如本书的开头所介绍的，在所有的拍摄场所中（例如室外、家里等），影棚是摄影器材最密集的地方，不过这些器材中的多数都可以自制。

静物拍摄的目的很广泛，从单纯的产品推广到艺术实验。对于那些需要拍出高品质静物照片的广告摄影师——而言，更需要器材齐全、精良的影棚。商业静物摄影需要掌握一些技巧，例如知道如何让物品呈现出更好的样貌；如何强化物品某方面的特征；如何压制其他物品，让拍摄主体从画面中凸显出来。学习这些技巧可以让你成为一个技艺高超的摄影师。不太可预见的是，在选择、安排和布光的过程中，灵感和惊喜会在实际拍摄的过程中随时出现。

罗伯特·戈尔登（Robert Golden）——最成功、最有创意的商业静物摄影师之一——曾写过："总是有一些测试正在进行。这些测试，即使是失败了的，也会给商业摄影注入新鲜的、不一样的东西。"如果你想拍摄影棚内的静物，我绝对建议你多做一些专业练习。你不必成为专业摄影师，但是一定要多思考、多实践。

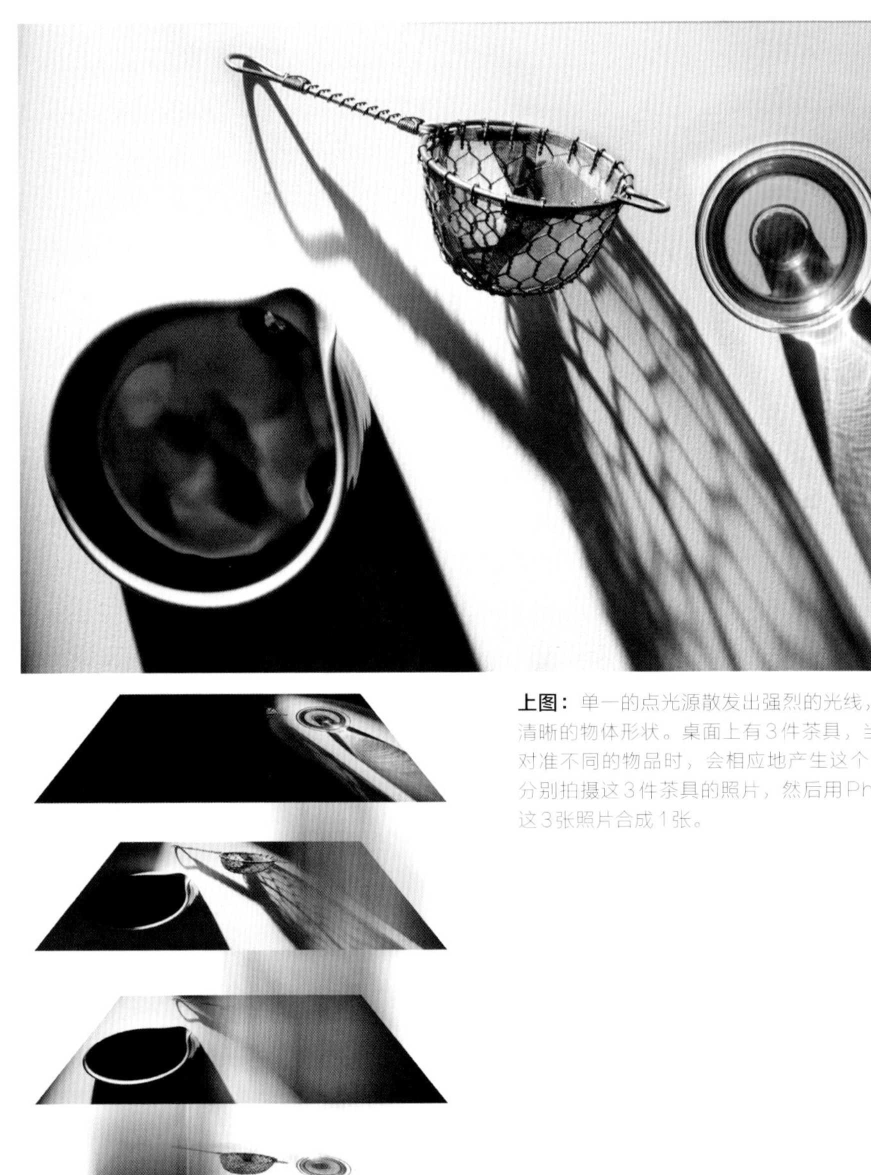

**上图：**单一的点光源散发出强烈的光线，让阴影有了清晰的物体形状。桌面上有3件茶具，当点光源分别对准不同的物品时，会相应地产生这个物品的阴影，分别拍摄这3件茶具的照片，然后用Photoshop将这3张照片合成1张。

# 动物

**就像风景摄影一样，关于动物的定义正在发生变化。**



当然，拍摄野生动物是动物摄影中要求最高的。与我们关系亲密的动物不仅仅是我们的宠物。可以为人类提供服务的动物、农场上的动物、与捕猎有关的动物，还有宠物，它们可能常常被我们当作底层的拍摄主体，大家可能认为它们没有什么拍摄价值。但事实上正相反，有时它们也可以提供有趣的视角。现实中，有一些野生动物被圈养起来，有的被养在动物园里，有的被养在自然保护区里，这在无形中降低了摄影师拍摄它们的难度，摄影师不用再跋山涉水到野外去寻找它们了。

在野外拍摄野生动物是摄影中最特别的领域之一，对于野生动物摄影的标准和要求在不断提高。由于这种类型的摄影作品很受人们喜爱，所以形成了激烈的竞争，这种竞争不仅存在于摄影师之间，还存在于影视界。因为拥有大量的观众，所以类似于英国广播公司（BBC）自然历史组这样的制作单位才会将大量的资源、金钱和时间投入野生动物的拍摄中。在几十年前，一张照片只要拍摄的是野生动物，就能吸引观众的注意，但到现在，这样的照片已经无法再让观众眼前一亮了，观众期待看到更加珍稀的动物品种，例如雪豹。现在，拍摄野生动物行为的摄影类型占主导地位，这种类型既要求摄影师具备丰富的动物行为学知识，又要求他们具备足够的耐心、能进行远距离拍摄的摄影器材以及创造性的技术解决办法。

从技术上来讲，快速超长焦镜头是拍摄野生动物最主要的镜头，因为它有高放大倍数，可以从远处拍摄那些危险的或者警觉性强的动物。除此之外，在对以前的图像进行研究时，人们发现，摄影师一直在不断提高伪装的巧妙度和逼真度，这对于拍摄野生动物有极大的帮助。近年来，带有闪光灯的遥控相机也在快速发展、不断升级，GoPro的出现和发展也对野生动物摄影产生了相当大的积极影响。国际上最知名的野生动物摄影展当属由英国自然历史博物馆组织的年度野生动物摄影大赛。

©Ming Jun Tan

**上图：** 拍摄到珍稀动物是野生动物摄影的一个主要目标。这幅照片拍摄的是在云南香格里拉附近的湿地越冬的珍稀动物——黑颈鹤。

**下图：** 野生动物摄影的另一个目标是捕捉野生动物表现出的特殊行为。

©Ming Jun Tan

# 微观世界

**微距摄影是一种近距离拍摄的方式，其特点是照片中拍摄主体的大小与它的实际大小相近。关于画面中的尺寸与实际尺寸的比例，在摄影界仍有一些争议，有些人认为应当以拍摄图像与实际物体的比例为准，有些人则认为应该以照片或印刷品上的图像与实际物体的比例为准。**



但不管是哪种情况，微距摄影都为我们打开了一扇通往新世界的大门，让我们能够以平时很少用到的尺度观察景物。微距摄影一般包括两个方向：一个是展现丰富的细节，例如拍摄自然界中的昆虫和小型植物；另一个是表现抽象的元素，从我们常见的材质中抽取细节，放大倍数越大越抽象。

第一个方向属于野生动物摄影的分支。当代的微距摄影一直致力于不断创新，通过无尽的努力和尝试，寻找新的画面。无脊椎动物的行为成为微距摄影的一个主要内容。第二个方向是利用微观的小尺度形成不常见的抽象图像，从局部去拍摄某种我们所熟悉的材质。如果你努力探索局部表现出的视觉可能性，就会发现材质上的细节可以变成独立的图形或色彩。微距摄影的目的之一就是将观众的注意力引导到他们平时会忽略的地方。这些“被隐藏”的细节会用自己的美丽与神奇给观众带来惊喜。

在本书第50页，我曾介绍过微距镜头的基本知识。近年来，微距镜头在技术水平方面有了大幅提高，它们可以满足摄影的大部分需求。不过，近距离拍摄存在一个光学问题——景深过浅，这个问题限制了微距摄影。直到现在，镜头生产厂商都没有找到好的解决办法。但这并不总是个问题，最近，随着数字图像处理技术的进步，摄影师可以根据需要选择焦点，获得理想的、漂亮的画面效果，这种技术特别适用于拍摄抽象细节。其中一种关于焦点的技术革新是景深叠加，可

**下图：**打磨过的鲍鱼壳内部在夸张的微距镜头下呈现出无规律的绚丽花纹。

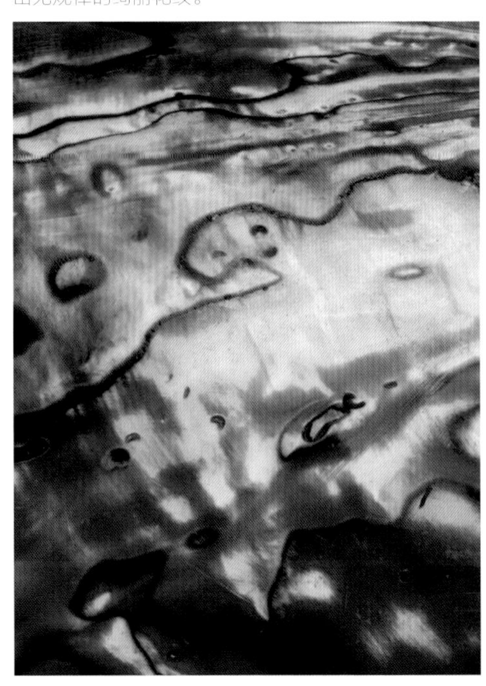

©Jodi Jacobson/iStock

过前后移动镜头或者转动对焦环改变焦点位置，然后拍摄多张照片并将它们叠加合成一张，扩大景深范围。

**上图：**以非常近的距离拍摄蝴蝶翅膀，呈现出好像精心编织的织物的纹理模样。这个例子很好地展现了微距镜头下的细节是如何出人意料地成为画面的主要吸引点的。

就如同其他任何艺术形式一样，摄影的风格也很难明确界定。著名摄影师的作品的风格通常非常鲜明，识别度高、有独特性。但是，想要界定风格，就需要分析那些不太具有特点、不容易辨识的照片该如何分类。虽然，大家都知道摄影的风格、类型多种多样，但是至今也没有一个统一的分类标准。在这里，我根据摄影师的目的和观众的反应，按照影响力的大小，对风格做了一个分类和汇总。为了简单易懂，我将所选范围的两端界定为“静谧”和“夸张”——可能这世上没有摄影师会使用这两个词来形容自己的作品，但这两个词的确很适合用来描述拍摄目的和效果。不仅如此，它们还能在一张中庸风格的图像中，分别作为两个部分彼此配合，展现出不错的效果，就像是天平的两端。

最现实的问题在于，我们该如何发展自己的风格。我将在下文中介绍一些著名摄影师的典型风格，每种风格都独具特色。模仿或者追随其他人的风格，即使再像，你也只是个优秀的模仿者，这对你的成功作用不大。只有创造出属于自己的独特风格，你才能成为优秀的摄影师，而这其中的关键在于了解自己的强项和自己的想法。恩斯特·哈斯曾说过：“风格没有公式，但是有诀窍，那就是个性化。”你也许会说这是句废话，但实际上，这意味着你要以自己的方式看待问题，遵循自己的喜好，不被别人的作品影响，不管你多么欣赏它、喜欢它。

4

# 第4章 风格

# 令人惊奇

**阿列克谢·布罗多维奇（Alexey Brodovitch），这位出生于俄罗斯的摄影师和设计师，在《时尚芭莎》担任艺术总监长达20多年，在美国摄影界有巨大影响力，影响了一代摄影人，这不仅因为他能给摄影师提供工作机会，还因为他的直率、严苛。**



在评价摄影作品或其他艺术作品时，人们通常会说得比较含蓄、有所保留，因为这样显得更礼貌，不会令人难堪，但是，布罗多维奇不会这样。如果他觉得确实不错，他就会说“震惊到我了”，因为他明白摄影的精髓就在于不断带给观众惊喜。但实际上，只有创意摄影才有这种特殊的需要，而且是迫在眉睫的，因为摄影的范围太广了。人们拍摄照片的数量和对照片的需求量都非常大。但是因为拍摄照片太简单了，只需按下快门按钮，所以照片非常容易雷同。即使是在布罗多维奇所处的时代，也就是半个世纪以前，也出现了这种情况。他说：“在杂志、电视、电影中，到处都是使用精湛技术拍出来的摄

**下图：**摄影师的目的是通过独特的手法（光线、构图、时机）向观众展示能够完美融合独特性和吸引力的拍摄主体。这张照片拍摄的是云南澜沧江岸边的盐田。

©Jennifer Barnaby

**上图：** 高水平的摄影作品在街拍摄影中比较少见，所以这张照片呈现出了摄影师个性化的、与众不同的观察方式。在这张照片中，所有主要人物的面孔都被遮住了，除了喷泉上雕刻的脸孔。



影作品，人们看得太多，已经变得麻木了。我们这个时代的通病就是麻木、无聊，所以想要成为一个好的摄影师，必须解决这个问题。唯一的方法就是创新，要出其不意。”

如果说谁可能有错，那就是展示摄影作品的媒体，以及创作摄影作品时敷衍的摄影师。纽约的摄影师阿特・凯恩（Art Kane）说过：“布罗多维奇曾告诉我，不要容忍平庸。他告诉我要对未知心存崇敬。”不管你是否喜欢，摄影的消费方式与其他艺术形式是不同的，有创意的摄影作品通常是与其他类型的摄影作品混合在一起的。所以，这条在其他情况下似乎听起来相当肤浅的建议，在这里确实是必不可少的。听听专业图片编辑和摄影比赛评委所说的话吧。“有创意”在他们的标准中通常排在首位。时尚摄影师西罗（Hiro）在谈到布罗多维奇时曾说：“我从他那里学到，如果你在相机里看到了你以前见过的图像，就不要按快门按钮。”这一点不太容易做到，因为这通常需要有较多经验，但这确实很重要，因为没有人会一直记得自己看过的所有照片，能一下子辨别出镜头里的画面是否与曾见过的照片一样。所以，如果你真的想在摄影上有所成就，就要不断努力，不向平庸妥协。

# 叠加

**在摄影中，叠加有多种不同类型。这是一个灵活的概念，虽然人们都倾向于坚持自己认同的定义。**

叠加，最初是指通过一个半透明的图层，我们可以看到后面的景物。在传统方法中，获得叠加效果的最简单的方法是透过一扇覆盖了水雾的窗户拍摄后面的场景，或者将镜头靠近某个物体并让它处于合焦范围之外，让它只是以一种模糊的颜色叠加在背景上。另一种获得叠加效果的方法是利用反射，例如拍摄商店橱窗，让橱窗里的陈设和橱窗玻璃上倒映的街景、天空都出现在画面中。

从很早以前，就有将两张完全不同的照片合成为一张的做法。一种方法是使用双重或多重曝光——当第二次曝光时的光线落在第一次曝光后产生的阴影区域上，阴影区域就会形成图像。另一种方法是同时冲洗两张或多张负片，这种方法在19世纪成就了一个艺术流派，那时，这种方法也被用来表达“讽喻”的内容，这种摄影方法的代表人物是奥斯卡·雷兰德（Oscar Rejlander）。后来，艺术家杰里·许尔斯曼（Jerry Uelsmann）和杜安·迈克尔斯（Duane Michals）又利用这种方法创造了很多超现实主义的影像作品。在胶片时代，掌握这种技术具有一定的难度，而且能否成功完成这种合成具有一定的不可预测性，所以更进一步增加了这种效果的魅力和吸引力。在数码时代，用后期处理软件（例如Photoshop）就能轻松制造出同样的视觉效果，甚至是更复杂的效果。现在已有大量用数字化方法制造的叠加图像，这种照片变得很常见。不过，虽然这种照片不再像“前辈”那样受到广泛的喜爱，但偶尔仍然会引人注目。

还有一种叠加的方法——将截然不同但彼此之间相互呼应的前景和背景（有时也包括中景）进行组合——这属于并置的一种（详见第106页）。从概念的角度来看，叠加被广泛地应用于艺术评论界，它代表更丰富的表达内容，人们认为相较于只有一个层次的图像，叠加的图像具有更多重的含义，例如在图像层次之上还能传达人文层次的内容。所有这些对叠加的解释都有一个共同点，那就是，从某种程度上来看，图像不止能呈现出一件事，它还给观众带来了更多可以观察和思考的内容。

**方法**

- 透过类似玻璃的隔层拍摄。
- 利用反射。
- 胶片时代，组合图像。
- 利用相关的前景和背景。
- 内涵中的层次。

**代表性摄影师**

- 索尔·雷特（Saul Leiter）。
- 恩斯特·哈斯。
- 奥斯卡·雷兰德和杰里·许尔斯曼。

**上图：**画面中，两个正在对话的人的影子意外地落在另一个橱窗上，创造出叠加的效果。

**下图：**窗户上的旧玻璃格窗倒映着一辆红色的伦敦巴士。

# 直白风格

**在艺术领域，有一个几乎可以称得上原则的观点，那就是任何艺术形式都应该尽其所能展现独特性，而不是模仿他人。当然，也有人不认同这个观点，所以偶尔会出现一些模仿前人的风潮，例如20世纪60年代末和70年代的写实主义绘画，以及19世纪末至20世纪初的画意摄影。**



这些风潮的出现是因为艺术家们常常想要挑战现状，但同样，他们会因为太过矫揉造作而受到挑战。摄影的核心是记录——定格我们生活中的美好瞬间，捕捉这个世界上的独特景物——而不必过于在乎艺术评论。

这与风格有很大关系，因为有一种持续了很长时间的摄影风格（也许符合潮流，也许已经落伍）是直白的、简单的，这种风格的摄影作品既不欠缺拍摄技能，又能够敏锐地捕捉情绪、气氛以及场景、人物、物品的内在特质。这不失为一个好的方法，因为事实上，确实有一种名为“直白”的风格，它由摄影评论家萨达基・哈特曼（Sadakichi Hartmann）于1904年创造，并由艾尔弗雷德・施蒂格利茨（Alfred Stieglitz）的杂志《*Camera Work*》发表。一开始，施蒂格利茨比较支持当时流行的、朦胧的画意摄影，但后来又开始反对这种风格，主要原因是他认为摄影作品应该有摄影作品的样子。他转而支持保罗・斯特兰德（Paul Strand）这样的摄影师，称赞他的新风格，他说：“这些作品非常直接。没有虚张声势，不耍花招，没有模仿任何‘主义’。”1932年，安塞尔・亚当斯、爱德华・韦斯顿和其他一些摄影师在美国西海岸组建“Group f/64”（因为在当时，f/64是最小光圈）组织，也是为了同一理念——摄影应该是未经操纵的、清晰聚焦的，有丰富的色调和高对比度。也就是说，摄影应该是真实的。在直白风格的摄影中，摄影师也需要运用关于光线和构图的技巧，但它们应该是合理的、正常的，而不能是有悖于常理的。在这种风格的摄影作品中，精准和完美是首要的标准。拍摄主体通常是非常重要的，所以需要被清晰、明确地呈现，而且需要具有吸引力。斯特兰德曾说：“这样才能表现出你是真正尊重眼前的景物……在拍摄和图像处理的过程中，使用直白的拍摄方法，不要耍花招。”

©Eva-Maria Fahrner-Tutsek

©Jed Best



**左上图：** 干净利落是直白风格的特征。在这张拍摄于哈瓦那的街拍照片中，有一对衣着时髦的夫妇，他们身上的每个细节都被清楚地捕捉到了。

**右上图：** 在这张采用俯视角度拍摄的照片中，简洁是一个明显的特征。摄影师用地板上的标识来突出一个过路人的形象。

**右图：** 对厨房的置物架进行拍摄，这种静物有清晰、整洁的外观，非常适合这个朴素、简洁的风格。

# 静谧风格

**如果说直白风格是一条线段的中点，那么另外一些风格类型就分别位于中点的左右两边。其中一个风格靠近内敛、含蓄、冷静的一端，我们可以称这个风格为“静谧风格”；而与其相反的一端是兴奋、急切、繁杂，我们可以称其为“夸张风格”。**



在静谧风格中，又可以细分出几种不同的类型，每个类型都在以不同程度的克制、冷静、朴素凸显静谧的风格。它们中的多数是利用构图来表现景物的平静感，也有少数是利用柔和的光线和色彩。它们有一个共同点，那就是，它们都不是通过制造兴奋点和视觉冲击力来获取观众的喜爱的。观众在看到它们时，不会发出“哇哦”的感叹。它们使用的方法是慢下来、静下来，让观众放松身心，从而获得一种轻松、平静的观看体验。对于那些在学习摄影时，被告知要抓住观众注意力的摄影师来说，静谧风格的作品看上去可能有些单调、乏味，这是完全有可能的。如果你把当代摄影中所有风格的作品都拿出来，每个人都会有自己喜欢的、不喜欢的。这与个人品位有关，没什么好争论的。在静谧风格中，构图从处理刁钻的角度、不寻常的视角开始，然后退回到学习、研究如何表现冷静和平淡。这其中的风险在于，静谧风格的作品很可能与真正普通的、毫无目的的随意拍摄混淆。这就是为什么像威廉·埃格尔斯顿（William Eggleston）、杜塞尔多夫艺术学院的安德烈亚斯·古尔斯基、托马斯·施特鲁斯（Thomas Struth）和托马斯·拉夫（Thomas Ruff）等摄影师的作品，通常会在艺术界和流行摄影界引起强烈的反响。

这种风格的一种拍摄方法是平拍。正面拍摄主体，构图中没有对角线、没有错落的景深、没有精心谋划的角度和倾斜，看上去有种漫不经心的松散。极简抽象也是一种卓有成效的技

©Jennifer Barnaby

**左图：**运用安静观察的视角和简洁的色彩，营造出一种简单、平静的氛围，创造出一幅令人满意的图像。

©Yao Yao

**上图：**营造静谧感的元素，包括没有对角线的方形、庄重感、对称、秩序……在这张图中，摄影师还悄悄运用了对比的手法——20世纪30年代上海的艺术装饰窗与当代建筑物之间的对比。

巧，它减少了元素的数量和可识别的细节。还有一种方法，像摄影师索尔·莱特那样，透过有雾气的玻璃窗或者失焦的前景进行拍摄，拍摄出柔和的多图层重叠效果。

### 方法

- 低调，本土化。
- 平拍、正面拍摄。
- 松散、漫不经心。
- 没有明显的拍摄主体。
- 极简、抽象。
- 柔和的多图层。

### 代表性摄影师

- 亚历克斯·索思（Alex Soth）、罗伯特·亚当斯。
- 沃克·埃文斯。
- 威廉·埃格尔斯顿。
- 爱德华·伯丁斯基（Edward By tinsky）。
- 杉本博司。
- 索尔·莱特。

# 柔和的光线与色彩

**除了构图，打造静谧风格还需要光线与色彩。光线，不能是夸张的、戏剧性的。色彩，不能是饱和度高的、对比强烈的。**



正如前文中介绍的静谧风格的构图技巧，这种风格中的色彩与光线与主流摄影中所要求的完全相反。不过，这也正是静谧风格的独特之处。其实，光线与色彩是不可分离的，但摄影师通常会在两者中间选择一个作为主要元素。对于光线而言，静谧风格的宗旨明显而简单，那就是削弱明暗对比。静谧风格需要的光线正好与主流风格相反，阴天时的光线、低角度的太阳发散的光线、穿透云层形成光柱的光线，以及从摩天大楼的玻璃窗反射回来的光线，都是适合表现静谧风格的光线，因为它们没有强烈的光照，不会产生明显的明暗对比。与静谧风格的构图一样，这在很大程度上是一个关于个人审美的问题，但其中也有一些原因，因为这样能将观众的注意力更多地集中在拍摄主体的内容和色彩的简洁上。

至于处理色彩的技巧，包括利用柔和的光线、选择柔和的色调——这些在当代城市景观中都很常见。事实上，在艺术领域中，特别是在摄影领域中，关于色彩的最根本的分歧是浓郁与柔和到底哪一个更好。这个争论可以追溯到20世纪70年代初的美国，当时纽约现代艺术博物馆的策展人约翰·沙尔科夫斯基（John Szarkowski）开始重新审视摄影美学。他重新审视的对象之一就是当时被“大肆渲染”的色彩，也就是柯达胶卷的浓郁颜色。这就是“新色彩运动”兴起的原因。由于这个运动，出现了以含蓄的、柔和的色彩为主要元素的拍摄风格，而不再以浓郁色彩为主。所谓浓郁色彩，正如一位作家写的：“用不那么华丽的素材制造出奢华的、喜庆的色彩。”

实际上，“新色彩”意味着选择用有限的色调、饱和度较低的色彩进行拍摄。这听起来像是一种避免出现过度明亮的色彩和大量蓝色天空的方式，但它实际上意味着寻找那些色彩更接近的场景和主题，来探索微妙的变化。漫射的光线通常是有帮助的，任何轻微的大气增厚，例如有一点雾或倾盆大雨，都有助于光线的漫射。当然，要认真对待这一点，你必须认同沙尔科夫斯基的说法：“大多数彩色摄影，简而言之，要么是混乱的，要么是美丽的。”

**上图：** 拍摄于北美草原。阴天环境形成了柔和的、饱和度低的色彩，凸显了粉色花朵的娇艳。

## 方法

- 柔和的自然光线。
- 柔和的影室光。
- 柔和的色彩。
- 低对比度。

## 代表性摄影师

- 安德烈亚斯 · 古尔斯基。
- 托马斯 · 拉夫。
- 乔尔 · 斯滕菲尔德。
- 贝恩德 · 贝克尔和希拉 · 贝克尔。

# 夸张风格

**虽然可能有点出乎意料，但的确如此——这种风格的作品在我的所有作品中占比最大。直白风格是简单、直率的；静谧风格虽然确实可以为画面增添一些别样的特色，但还是偏向克制、理性、冷淡。**



在生活中的众多领域，夸张常比克制更有力量，占据更大比例，摄影也不例外。通过构图打造夸张风格的方式有很多种，如果不想降低这些方法的多样性，斜线通常能起到重要作用。不论是两条对角线一起贯穿整个画面，还是选取不同角度的斜线，抑或是利用光线或颜色制造三角形或楔形。

想要通过构图吸引观众的注意力，最常用的方法是根据摄影师的想法在场景中制造角度和几何图形。寻找可视作几何图形的景物，并将它作为拍摄主体，是迈向成功的好开端，不过，硬质光线也可以通过阴影和强烈的明暗对比创造角度或几何图形。不论是在哪种情况下，夸张通常都意味着某种程度的抽象，将场景中的某部分看作图形而不是物体本身。在图像中制造斜线的一个好方法是倾斜相机，只需向前或向后倾斜相机，倾斜角度越大，透视效果越明显，也越容易吸引眼球，不过这样的效果相对不太容易被大众接受。

在传统构图中，要求水平线或者任何可以充当水平线的东西（例如街道）保持水平。而在传统构图之外，这种要求看上去就有点

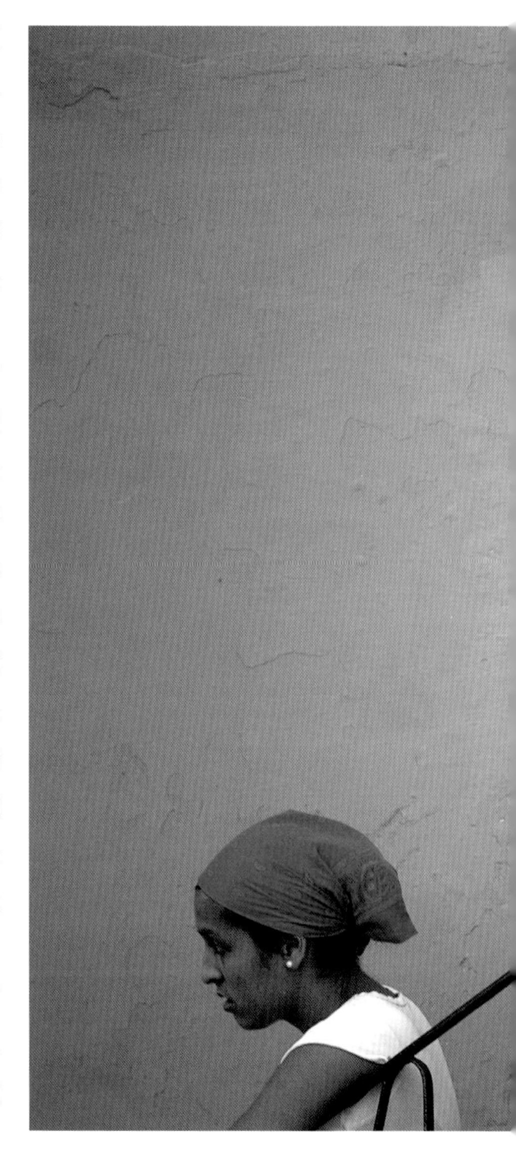

## 方法

- 制造角度、几何图形。
- 倾斜相机。
- 远离中心的位置。
- 制造混乱。
- 巧合中的并置。
- 图像叠加。
- 表现抽象。
- 运用印象派手法。

## 代表性摄影师

- 居伊·布尔丹（Guy Bourdin）。
- 加里·威诺格兰德。
- 亚历克斯·韦布（Alex Webb）。
- 理查德·卡瓦尔（Richard Kalvar）。
- 恩斯特·哈斯。
- 劳拉·坦塔维（Laura Al Tantawy）。

**下图：**极端且简单是这张照片的构图风格。让妇女的头部位于画面的左下角，更有利于凸显墙壁的颜色。

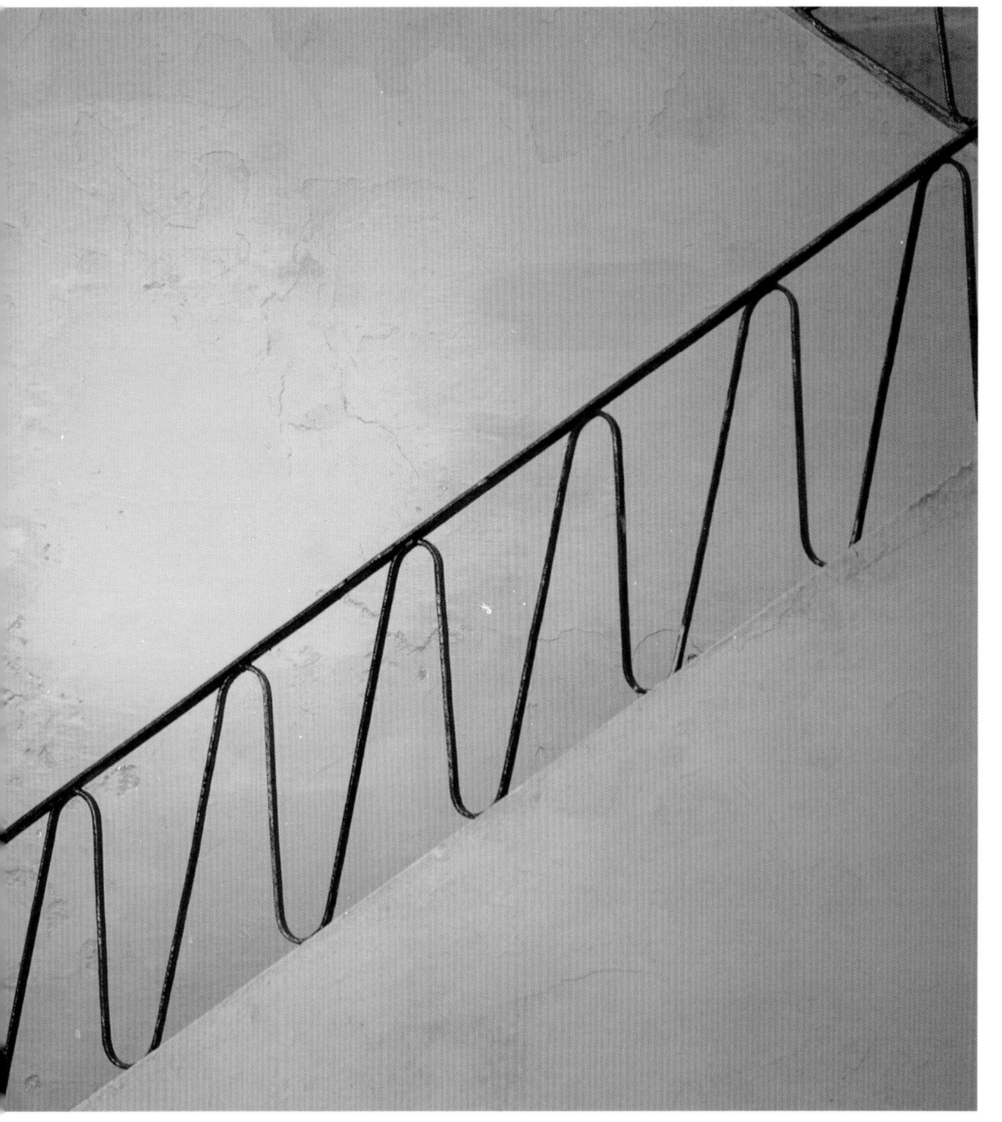

©Jed Best

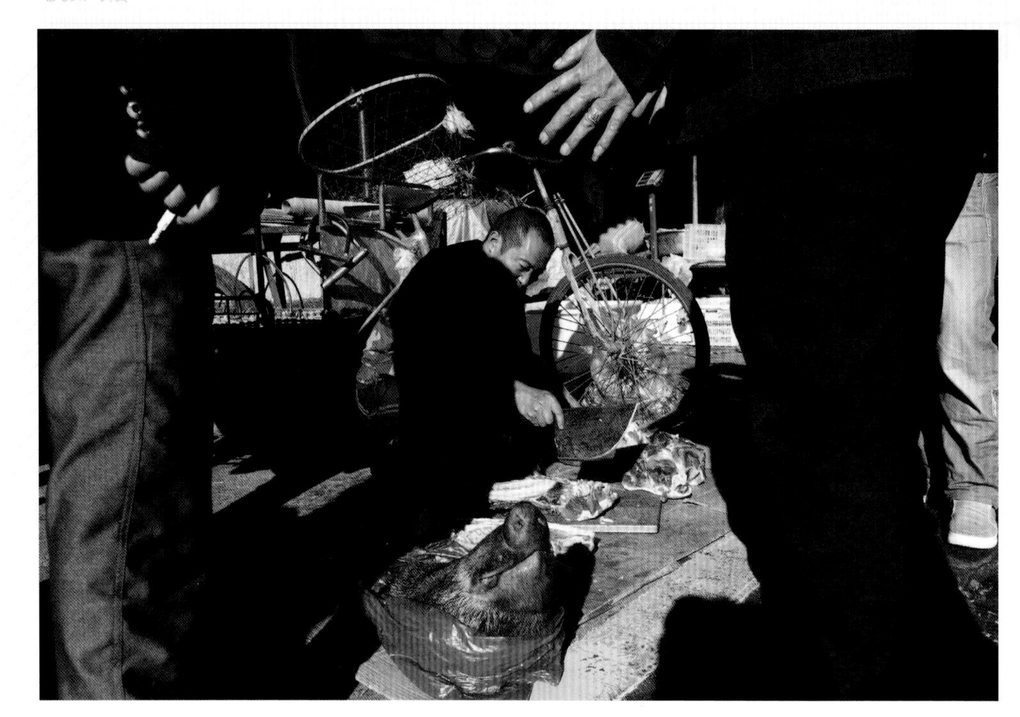



像是个错误了（而且事实上，在多数情况下，也确实是个错误）。如果你不要求所有的景物必须保持它们本身的线条方向，那么场景中的任何线条都可以与取景器的边平行。美国街拍摄影师加里·威诺格兰德就是因此而成名的，他常常在画面中制造与边框平行的线条，而不仅仅是拍摄水平线。罗伯特·弗兰克（Robert Frank）的著作《美国人》出版时，引起了不小的争议，有杂志曾尖刻地抨击他，说他的作品里是"醉醺醺的地平线，满幅的敷衍马虎"。

**上图：** 场景中的一部分是主题丰富的、内容杂乱的，用强烈的光影将它们分割成不同的区域。

不过，在所有的摄影风格中，夸张风格最能够超乎观众的想象和预期。虽然，极致的静谧风格有时也可以，但夸张风格更直接、更立竿见影。适当的拍摄主体的位置也具有同样的效果，例如角落的位置，也就是拍摄主体位于某个角落就能产生明显的作用。不过这样做也存在一定的风险。因为这样的构图一反常态，所以摄影师最好能给出合适的理由。当拍摄主体位于角落时，它能够将观众的注意力从其他景物上吸引过来，并且在小的、位于边角的拍摄主体与背景之间建立起更紧密的关系。

另一种制造夸张效果的技巧需要摄影师对它非常熟悉，它是一种制造混乱的方法。使用这种技巧时，需要有复杂的场景，场景中要有几个互相争夺注意力的视觉元素，其中一些还常常会打破陈规。为了确保效果，构图时必须让每个元素既保持独立，又能配合其他元素。这就需要摄影师具有能够将拼图碎片很好地拼在一起的能力，当然也需要

一点儿好运气。还有一种出乎观众意料的方法是并置，这种技巧的关键是将视觉碎片放在一起。我在第106页介绍过并置。真正聪明且不常见的并置，对于提升夸张感、戏剧性有很明显的作用。顺便说一句，这也是搞笑类街拍摄影的关键技术。

另外，夸张风格的作品也可以利用抽象性，故意不让观众知道拍摄的物体到底是什么，或者将拍摄主体表现为几何图形。图像叠加又是一种方法，特别是利用反射，而且这种效果比索尔・莱特的那种静谧风格作品中的层次感要强烈得多。

**上图：**采用航拍视角，深色的大地为两组对比元素提供了背景，一组是伊斯兰陵墓，另一组是小小的、位于右下角的人物。

©Hongmei Zhao

## 夸张的光线

在打造夸张风格时，光线也可以贡献一己之力。用光线营造戏剧化的效果，通常需要使用高对比度。不论是在室内，还是在自然光下，强烈的、硬质的点光源都可以产生边缘清晰的阴影。特别是当画面中的一小部分被照亮，而其他部分都是暗色时，画面常常能表现出戏剧化的感觉。耀眼的阳光、没有灯罩的灯泡、聚光灯都是可以制造夸张风格的光线的光源。明暗对比、剪影、亮调摄

**上图：** 明暗对比就是光线与阴影的强烈对比，这张拍摄于苏丹某市场的照片中，透过格栅窗照射进来的阳光落在布匹上形成条纹状的阴影，还有一些光线照在绿色物体表面并反射绿色的光照在人物身上。

**上页图：** 边缘清晰的阴影，尤其是像图中这样大量的重复图案，需要高对比度的黑白处理。

### 方法

- 夸张的、戏剧性的。
- 明暗对比。
- 亮调。
- 暗调。
- 多光源。
- 点光源。
- 没有灯罩的灯泡。
- 背光。
- 剪影。

### 代表性摄影师

- 特伦特·帕克。
- 格奥尔基·平卡索夫（Gueorgui Pinkhassov）。
- 乔治·赫里尔（George Hurrel）。
- 欧文·佩恩。

影、暗调摄影（详见第136～137页）都是典型的用光形法。

## 浓郁的色彩

色彩也可以被用来强化夸张风格。当画面中同时具有较高的饱和度和强烈对比的色彩时，就可以吸引观众的注意力。如我们在第142页所见，根据色彩在色相环上的相对位置，可以将其分为和谐的相邻色和对比明显的互补色。不协调的互补色相互碰撞，更具有制造夸张效果的潜力。单色也可以被看作一种颜色，当通过后期处理，将它调整到黑白对比的最大程度时，它的夸张效果最强烈。

| 方法 | 代表性作品 |
| --- | --- |
| • 色彩丰富、饱和度高。<br>• 强烈的对比。<br>• 色调。<br>• 浓郁。<br>• 强烈的黑白对比。 | • 比尔·勃兰特的后期作品。 |

**下页图：** 在留尼汪岛的小巷里，高饱和度的互补色在强烈阳光的照射下，共同营造出有视觉冲击力的画面效果。

**下图：** 画面大部分都是灰色的河水，只有左上角一点鲜红的颜色，两者在色彩上的鲜明对比，产生了戏剧性的夸张效果。

## 夸张的透视

由镜头产生的极端光学变形（详见第46~51页）也是制造戏剧性的夸张效果的途径之一。值得注意的是，超长焦镜头会压缩空间，而广角镜头会发生变形（比如最夸张的变形是鱼眼效果）。这两种极端情况都与人类肉眼习惯看到的结果有很大差距。其他的与我们所习惯的视觉方式不一样的光学效果，也可以被用来制造戏剧感，例如明显的虚化效果和动态模糊。不论是通过镜头还是快门速度来实现的，这些光学效果基本上都需要在照片上添加一层连续的图层。

### 方法

- 广角镜头产生桶形畸变。
- 广角镜头制造身临其境之感。
- 长焦镜头产生压缩感。
- 景深。
- 经过选择的焦点。
- 虚化。
- 全景。
- 动态模糊。

**下页图：** 降低快门速度可以制造动态模糊的效果。在这张照片中，苏丹恩图曼的一位苏菲舞者正在旋转，这里选用的快门速度既能凸显出动感，又能让观众看清人物形象。

**下图：** 从靠近建筑且贴近于地面的角度，使用广角镜头（这里使用的是20mm的焦距）拍摄这所位于圣达菲的教堂，强烈的透视创造出明显的汇聚效果。

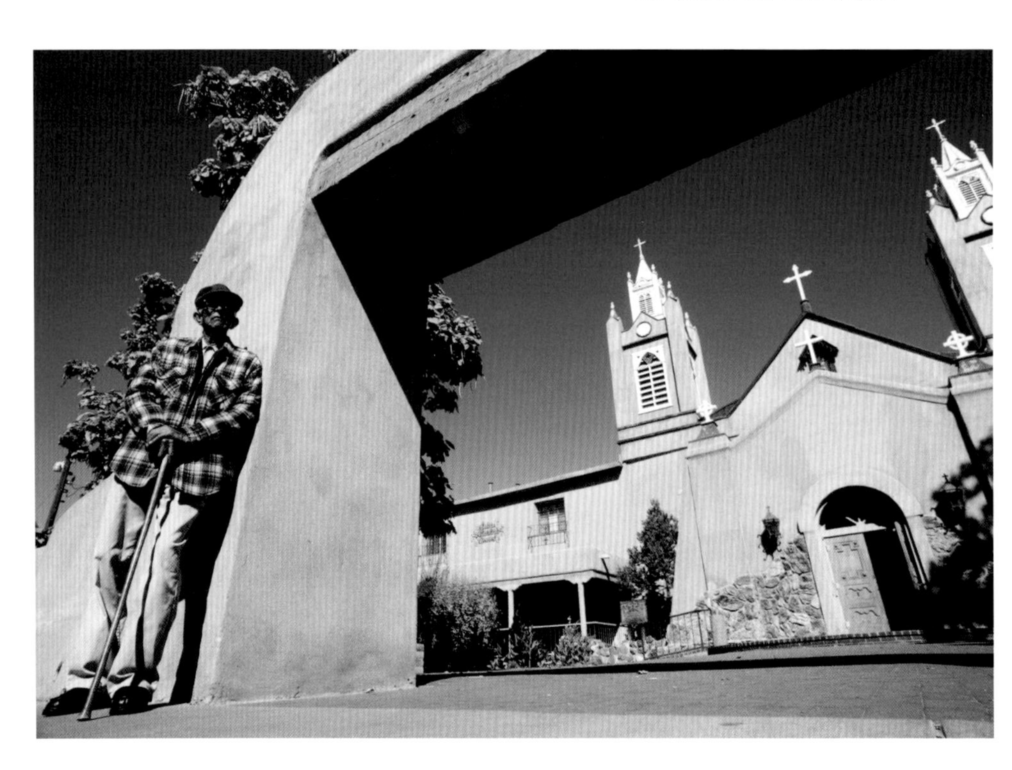

有一段时间，照片基本上是指你交给别人的一张照片，或者，如果它足够重要，就是指一张挂在画廊墙上的照片。另一种形式是印刷品，也就是杂志或书籍中的胶印页，但这通常是为专业人士准备的。现在，所有的情况都变了，不只是因为摄影变得更亲民，还因为展示平台的大量增加。20世纪60年代的加拿大通信大师马歇尔·麦克卢汉（Marshall McLuhan）声称“媒介即信息”——这句话在当时是出了名的令人难以理解，但现在却是显而易见的。

现在的媒介，既可以展示图像，也可以改变图像。人们既可以将图像作为印刷品挂在画廊的墙上，也可以将它放在幻灯片里、放在手机里，还可以通过App发布到网络上，等等。这些媒介不仅能给观众提供多种欣赏照片的途径，还能创造全新的作品。展示照片本身就是，或者说本身就应该是一种体验。它需要不同的摄影技巧。这应该是有组织的、技术性的，当然最好也具有艺术性。不是每个摄影师都对展示作品感兴趣，但你可能会在意那些你辛辛苦苦拍摄的照片在别人眼里是什么样的。你已经完成拍摄，其中一些是你所喜欢的，但是把它们随手发布到一个分享网站上与精心制作且注重观看体验之间存在着天壤之别……其中最重要的一点是，在网络上发布时，你通常会将多幅照片作为一组共同展出。

在下文中，我将向你介绍编辑照片的技术，帮助你了解应该选择哪些图像并将哪些放在一起，以及这些图像如何才能在观众中引起巨大反响。即使这些技巧在很久以前就出现了——它们是在20世纪30年代随着图画类杂志的出现而产生的，但现在，它们比任何媒介的作用都更大。随着摄影的发展，出现了图画类杂志，图画类杂志又反过来推动了摄影的发展，特别是新闻纪实类摄影。在这个世界上，各种新媒体不断出现，随之会有更多新的技术，但下面即将介绍的技巧始终是核心。

# 5

# 第5章 展示

# 作品中的人物身影

**虽然抓拍到的瞬间是那一刻唯一重要的东西，但我们是什么类型的摄影师，终归是由我们所拍摄的一个又一个图像组成的集合来定义的。**

如果你喜欢，你可以将自己所拍摄的照片的合集称为“作品集”。作品中的人物身影最能体现出摄影师风格的独特性，最能展现其审美的独到之处和把握时机的准确性。它可以用于满足你自己的需求，例如与朋友分享，或者是用于商业用途，但它不会自己产生，它是因为你的锐眼才出现的，需要你谋划、培养和寻找。有两个很好的理由可以说明你对作品负有责任，应该为展示照片做好准备。第一个是，也许你只对外展示过拍得非常好的作品。第二个是，我们所拍摄的照片涵盖各种各样的类型，你选择出现在画面中的人物身影应该是直观的、明确的，所以你要展示作品中想要提升的那一面。这有点像是品牌管理，只不过品牌就是你自己。

想要打造好的摄影作品中的人物影像，首先要想清楚你的摄影风格属于哪一类，什么样的形式、人物才能与风格相匹配。俄罗斯摄影师格奥尔基·平卡索夫曾说：“我的确拍摄过很多照片，但是我只会向世人展示那些最能打动我的。当我看向它们，它们是鲜活的、具有生命力的。”完成一天的辛苦拍摄后，你肯定希望能获得至少一张令人满意的照片，但是在下周或下个月的某一天，当你重新翻看照片时，当时觉得是最好的照片，可能此时在你眼中已经不再有光彩，变得没有那么吸引人了。所以，严格地挑选照片是一件很重要的事情。如果不够严格，就会影响观众对你的整体印象。

照片的展示方式也是一个重要的方面。截至目前，最常用的方法是将照片上传到网络上——是你自己的博客上，而不是分享网站上。如果你使用某个网站来销售照片或展示具有特色的照片，记得将它们与其他照片分开。因为人们在查看网页时，注意力集中的时间很短，只会一瞥而过。

**下页图：** 摄影师的个人网站是展示他们作品的平台，这意味着，观众第一眼看到的是经过严格编辑和认真处理的照片，而摄影师认为这些照片可以代表他的最佳实力。考虑到现代人注意力集中时间短的问题，要注意遵循少即是多的原则，也就是避免重复。

Michael Freeman
PHOTOGRAPHY
TEA HORSE ROAD
REPORTAGE
FOOD & DRINK
ARCHITECTURE INTERIORS
STOCK
ABOUT
TEACHING

# 网站与幻灯片

**对于任何摄影师而言，展示作品的主要渠道都是自己的个人网站。所以你应该尽全力将自己的网站设计得好一点，这是你展示自己的地方，你甚至可能通过它出售作品。它就像是你的简历，所以你要将联系方式、最好的作品都发布在上面。**



这是大多数摄影师最主要的市场营销途径，所以明智的做法是，首先要确定你想展示的内容和目标客户。你是否想要给潜在客户留下深刻印象？你是想接订单还是销售已经拍摄好的照片？你希望别人怎么评价你？摄影是一个充满竞争的领域，不论是就其艺术性还是商业性而言。所以，你知道自己的竞争对手是谁吗？假如你知道，那你的竞争方式有效吗？采取有效的竞争方式通常意味着别人看不出来你在竞争。所有这些市场营销策略需要在你开始设计网站前就确定好。

一个有影响力的摄影网站的核心是幻灯片展示。幻灯片展示就是在显示器上整齐地、大尺寸地、按照顺序展示照片，具体可以细分为几种。这是展示照片的最重要的手段之一，网站上的其他内容或者功能都是为展示照片服务的。

对于大多数照片展示类网站而言，你只需打开网站，就能在醒目的位置看到有好几张照片轮流播放的幻灯片区域（又称轮播区域）。虽然幻灯片区域的样式和功能多种多样，但是专业摄影网站的幻灯片区域通常都设计得比较简单。因为复杂和精细的样式和功能会分散人们对照片的注意。对于专业摄影网站而言，它只希望你能多关注照片，有继续浏览下一张的兴趣，偶尔也能看看标题和介绍。所以，它会使用明显的方法将你从一张照片引导到下一张。标准的基本功能是单击滑动——在照片左右两侧各有一个箭头，观众只需单击箭头就可以翻页，当然网站本身也设置了自动翻页，如果不单击箭头，幻灯片会根据默认设置的时间间隔切换到下一张。

**下图：**一种非常流行的在屏幕上展示作品的方法是幻灯片，一张照片接着一张照片连续不断地展示。这种方法的优点是可以全屏幕展示大图，让观众看到更多细节的同时也可以提供丰富的作品。一个好的幻灯片一定要注意单张照片播放的时间和照片的过渡方式。

## 幻灯片的切换方式

**切入：**最简单的功能，用一幅图像替换另一幅图像。

**溶解或者交叉淡入：**一张图像融入下一张图像中，可以选择速度，快速一般是半秒，慢速一般是几秒，慢速溶解可以显示出前后两张照片之间的区别和变化。

**从全黑或全白淡出：**一张图像溶解变为纯黑色或者纯白色，然后黑色或白色再溶解并显示下一张图像。

**淡入和淡出：**图像以逐渐出现和逐渐消失的方式进入和退出。

**插入：**一张图像横跨屏幕替代另一张图像，一般是从右到左。

**推出：**另一种跨屏幕切换的方式，下一张图像紧跟着上一张图像，按照某个方向（例如从右到左）移动。

**平移或展开：**通过放大或者缩小图像完成切换，更适用于宽屏或全景照片。

# 选择的艺术

**现在，在摄影领域，摄影师几乎需要自己独立完成所有任务，从拍摄到后期处理，再到发布、展示。这为摄影师们提供了更大的自由创作空间，但同时也带来了迷失的风险，规避这种风险的方法是保持冷静、增长经验、提升专业水平。**



很少有人接受过如何以客观的眼光看照片的训练，但是人们通常能够从一堆照片中选出最好的几张来。这就是选择的艺术。它有两种风格——摄影师的编辑处理风格和专业图片编辑的编辑处理风格。这两种风格，你最好都掌握。

摄影师编辑处理风格是从拍摄到最后处理完成，一气呵成，无缝衔接。如果你对着某一场景或者某一瞬间一连拍摄了好几张照片，你肯定是为了能够从这么多的照片中挑选出一张最好的。在拍摄时，你应该就能够预料到哪张会是最好的；在编辑处理前，先思考一下什么样的处理方法更合适。运用多种技巧都可以达到这个目的，不过，我要推荐的是“双手法”。一是要能够“认清”照片，记住你拍摄时觉得最好的那张照片及拍摄它的目的。这个方法在对同一场景拍摄大量照片时尤为有效（详见第118页）。二是要保持客观，让自己从拍摄照片时的兴奋中冷静下来，用更加冷静的态度观察照片。克制住对自己所拍摄的照片的天生喜欢，对自己严格一点。

专业图片编辑的编辑处理风格与前者完全不同，它就好像你一直在按照别人给定的任务进行拍摄，没有自我意识。在这个过程中，最重要的是保持你与照片的距离，假装自己是另外一个人，只是被请来编辑处理照片的。站在专业图片编辑的角度，就会对照片多一些想象力，少一些亲切感。你可以假装自己是顾客，并且判断照片可以被用于何处，而不是一直自我陶醉。关键的步骤是给照片排序，这样你可以同时处理它们。对于摄影师来说，这一步更难，因为他们在拍摄时通常不会考虑这一点。如果你有一个项目，可以试试这种处理风格。这是多年来编辑们的标准技术，你也可以用它朝着最终想要达到的拍摄效果的方向努力。

**下页上图：**不论拍摄哪种场景，都可能会用到连拍或重复拍摄，其目的是从许多张相似的照片中挑出一张最好的。

**下页下图：**这组以农贸市场为场景的照片一共拍摄了86张，耗时27分钟。这里所展示的照片是按照时间顺序排列的。黄色框里的照片，分别用了不同的焦距（从中焦到广角）、不同的感光度、不同的焦点拍摄。

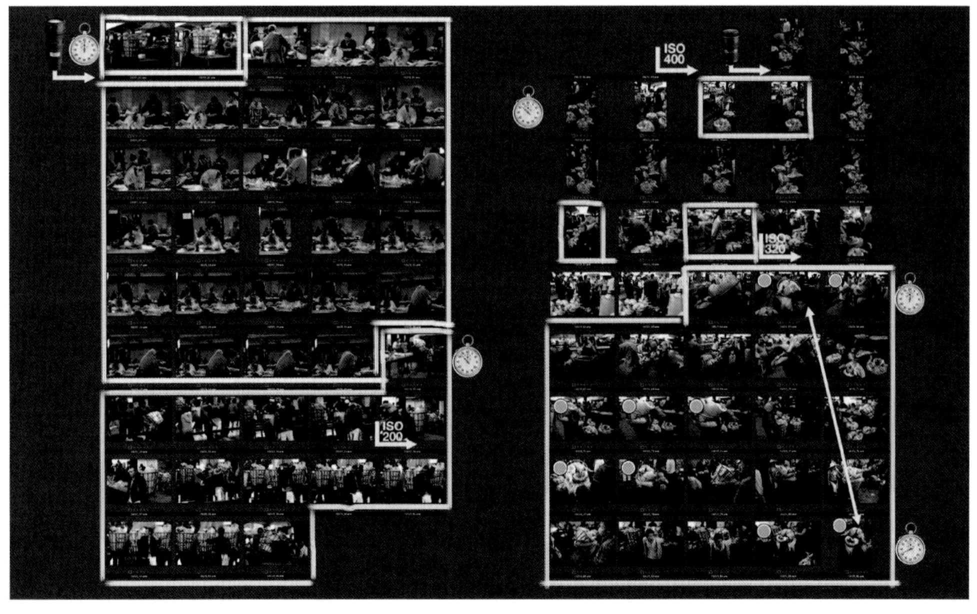
ISO 400
ISO 320
ISO 200

# 序列

**多数情况下，摄影作品都不是单独一张出现的，而是与其他照片一起出现的。这样就形成了一种独特的观看环境。即使你只拍摄了一张照片，观众通常也会与其他照片一起看到它。**



不论是讲述某个故事的文章，还是一组相似的照片、网站上的轮播图，抑或是画廊里的一系列照片，它们都有可能以可预测的顺序出现。这是图像编辑艺术的一种扩展，这种技术的关键是找到图像的联系和顺序，让它们看上去好像是自然而然地具有关联，是按照先后顺序发生的。

最常见的做法是利用叙事手法。这种方

法的关键是讲述的内容要清晰、明确。“讲故事”虽然是摄影领域的一个时髦的词汇，但它已经被滥用了。更常见的情况是，按照一个主题或风格收集照片。最佳序列意味着要选择观看顺序，以便使观看体验更有节奏感，改变不同照片的质量强度，让观众保持继续观看这一系列照片的兴趣。但这并不意味在一堆糟糕的照片中有几张好的就足够了。不论是小尺寸还是大尺寸的，也不论是色彩缤纷的还是单一色调的，每一张照片应该都是高品质的，否则它就不值得被展示给观众。摄影师要在相关性和变化中找到平衡，这样，一组有序列的照片才会看上去好像拍摄于同一地点，但又具有变化的视觉节奏，或者说视觉韵律。



**下图：**按顺序排列照片的方法之一是，使用“多米诺骨牌”原则。在玩多米诺骨牌时，小骨牌沿一条线依次排开，两张骨牌相连的一端的点数相同。将这个原则应用到照片排序中，就可以建立起照片间的相关性。理想的方法是找到一张照片（以某种视觉方式）来弥补两张照片之间的差距，可以是相关或相同的拍摄主体，相近或相同的颜色、形状、位置，也可以是有关联的图案。

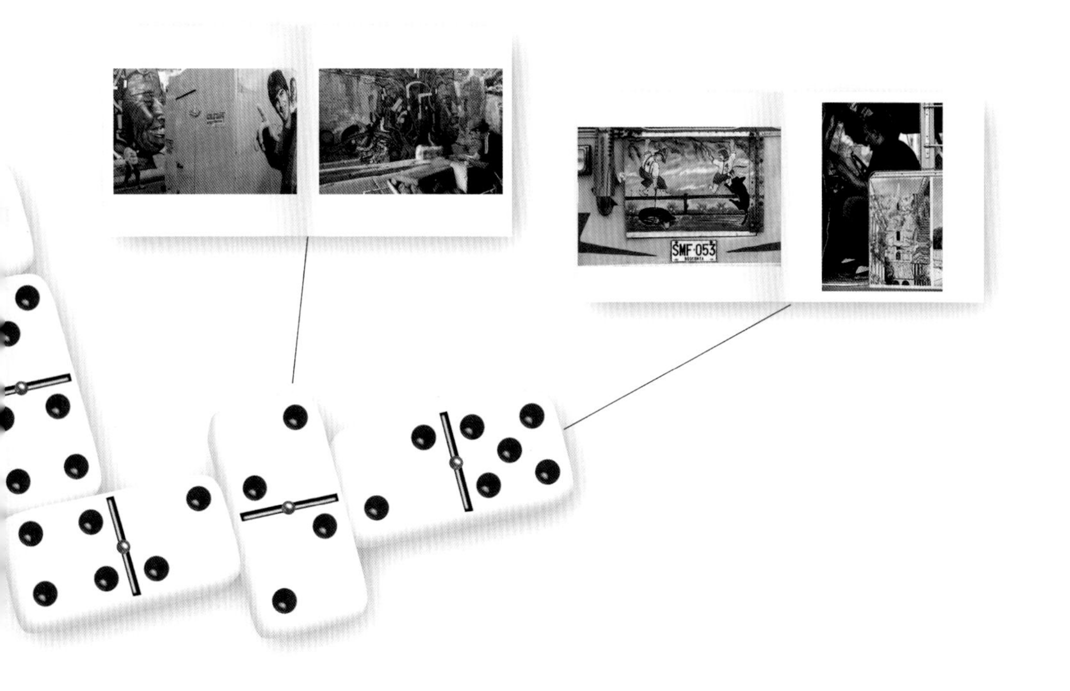

# 配对与第三种效果

**在摄影作品的排序中，有一种非常简单的形式——配对，也就是两张照片组成一组，并列摆放。这种形式比较常见的一个原因是大多数书籍都是两页对称翻开的，所以书上的图画一般也是左右两页各有一幅，并排对称呈现。**

如果每一页有一幅图像，面对面的两页上的图像之间自然就会产生一种关联。同样，你也可以在单独的一张图像上应用这种并列方法；还可以将两张照片放在一起，指出它们之间的关联。这种关联，可以是视觉上的，例如颜色、图形；也可以是内涵上的，暗含着某种相关性或比较。《生活》杂志（1937年到1950年是该杂志的鼎盛时期）的图片编辑威尔逊·希克斯（Wilson Hicks）创建了一个名词——“第三种效果”，用来描述当把两张看上去毫无关联的照片放在一起时，出现的额外的、出乎意料的联系。他曾说：“通过读者的解读和评估，两张独立的照片联系在了一起，并增强了它们各自的效果。”也就是说，观众在发现两张照片中的关联后，会更多地思考两张照片的内涵及它们之间的关系。

这里展示的配对照片选自某本介绍南美城市的书籍，这些照片拍摄于哥伦比亚的卡塔赫纳。在这本书中，每一页就是一张照片，所有成组配对的照片之间都有些许关联，你可以认真观察并找一找这些关联。

**下页图：**3对有关联的照片——有的是在内容上存在关联，有的是在图形上。上面的两张照片拍摄的都是理发场景，而且都有一些表情可笑的人物。中间的两张照片上都有食物、妇女、红色椅子。底部的两张照片中，人物的服装颜色和牌子的颜色具有一致性，形成了呼应。

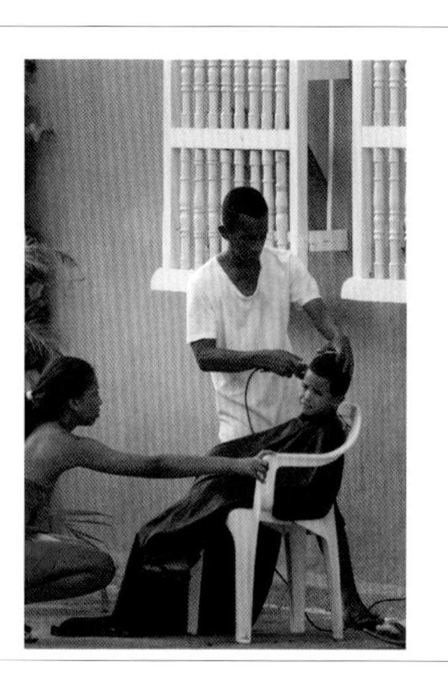

Cocteleria
OSTRERIA
NACIONAL

TRADE
MARK

# 叙事

**最近，在摄影领域被滥用的一个词是“讲故事”。所谓讲故事就是希望每张照片都有叙事性，都能表达一个故事。这个想法本身不错，而且在新闻摄影中，这种方法已经被广泛使用。但是讲故事不一定必须使用叙事手法。**



要讲清楚什么是叙事手法，并让你完全理解，不是一时半会儿能完成的。用图像讲述故事的方法，有着悠久的传统和历史，远比杂志图片诞生的时间早得多。杂志图像兴起于20世纪30年代的德国，在20世纪四五十年代开始流行，那时候有名的图像类杂志有《生活》《看客》《美国国家地理》、英国的《图画邮报》、法国的《巴黎竞赛》。其他的还有《GEO视界》（视界德国国家地理）和《周末画报》等。现在，这些杂志只剩下一小部分还在继续出版发行，因为随着网络产业的发展，大部分媒体转战线上，开始用网络展示图像。但是，系列摄影作品的价值仍然在于其能够真诚地讲述一个动人的故事。

摄影的叙事手法可以弥合拍摄和展示之间的断层，因为最好的故事通常需要认真的构思和执行。它们以什么样的顺序呈现给观众，会在很大程度上影响最终效果。越来越多的摄影比赛——为新兴摄影师准备的比赛平台，它们从来没有像现在这样受欢迎，开始为叙事类摄影专设门类。现在，讲故事才是潮流。

成功的叙事需要好的结构，不论是在摄影中，还是在文章或电影中。脚本或者说大纲，在这些领域中都有重要的作用，这并不是毫无来由的。照片的脚本（一般是愿望清单）应该写清楚计划怎样讲故事。如果照片能在屏幕上流动并在观众的脑海中浮现，那么它们的价值就能获得极大的提升。通常，想要拍到最好的照片，既需要精心准备，也需要一点运气，不过这并不妨碍你思考如何让观众更好地理解画面中的故事。

**下页图：**图像横跨在展开的两页上，为我们展现了一个关于猎鹰的故事。介绍这个故事的图像一共占据了10页的篇幅，其他的将在这页之后一一呈现。在印刷品上，照片既可以根据空间排列（例如独立的一张照片横跨两页），也可以按照顺序排列（例如随着页面的顺序）。

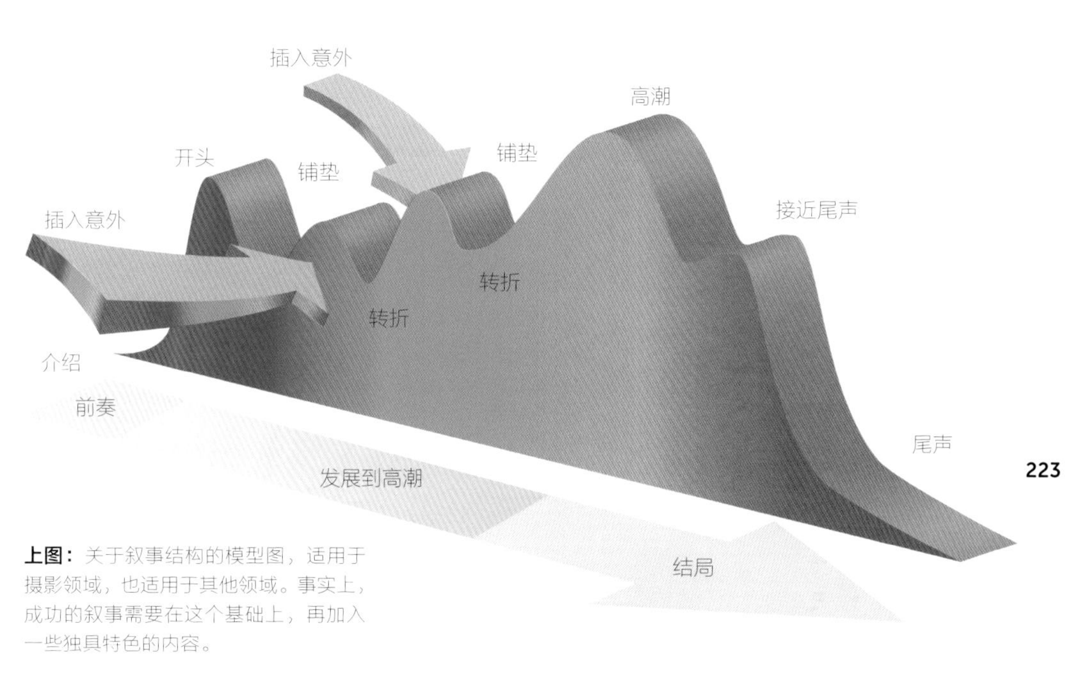




**上图：**关于叙事结构的模型图，适用于摄影领域，也适用于其他领域。事实上，成功的叙事需要在这个基础上，再加入一些独具特色的内容。

在布局方面，用较长的说明文字来介绍狗的角色——指路者。当地面出现猎物时，它们会提醒猎鹰，让其做好准备，冲向猎物。

说明文字位于照片的右下端，但篇幅不大，只有三四行。

真正的行动开始后，狗（指路者）被要求冲向鸡群。

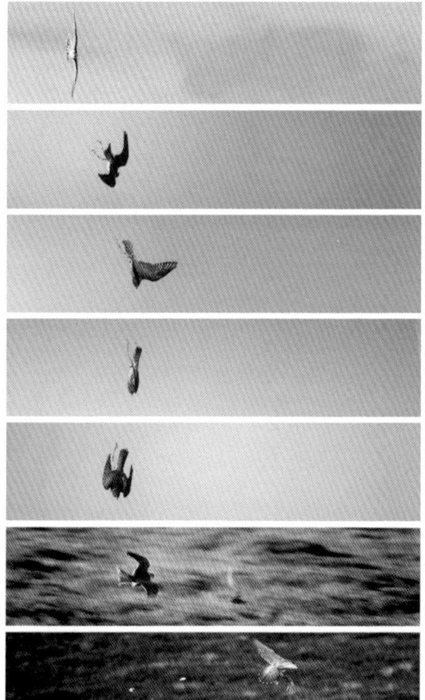

这里的布局是在一张单独的大尺寸照片下安排两行较长的说明文字。

# 社交媒体

**不管你是喜欢还是讨厌，现如今的社交媒体都已经成为摄影师生活中的重要部分。因为社交媒体在视觉属性方面具有天然优势，所以它势必会占据如此重要的地位。**



现在，有许多摄影师通过社交媒体进行自我宣传。当然，利用网络平台宣传自己的摄影作品和品牌是完全没问题的，不过更有效地利用网络的方法是向其他摄影师学习。欣赏、观察其他摄影师的作品是一种非常有价值的练习，如果你还能与摄影师交流，向他们提问，请他们解答你的问题，那就更好了。花点时间去点赞、转发和评论，获取那些摄影师们的注意，然后引导他们进入你的账号空间，浏览你的作品。

另一个关键方法是持续更新，保持账号的活跃度。例如你去旅行，但是你只在回来后一次性上传了50张关于旅程的照片，然后之后的几个月都没有发布新的内容，这就属于无效的运营，你会失去很多关注者，你自己也会慢慢失去运营账号的兴趣。不必苛求每张照片都必须完美无缺，当然，我的意思不是让你随便对待自己的作品而不认真编辑它们，而是希望你能偶尔放松一下，不必时时都紧绷着。

# 书籍

**现在，出版图书的流程更加简便，出版图书的机会也比以前多得多，所以出版自己的摄影书变得十分容易。**

电子图书逐渐成为代替纸质图书的一种新形式。电子图书非常适合出版印刷量较小的书籍，不过即使是传统的胶印，现在也变得制作方便、价格低廉。可能，最明显的改变当属图像类书籍种类的激增，不论是大型出版社出版的娱乐休闲类画册，还是手工艺类书籍，都变得越来越丰富。这些品类的书籍现在也开始受到摄影类图书奖的青睐，开始获得相关机构的认可，而且具有很高的收藏价值。

在传统出版界，大型出版社，例如Thames and Hudson出版社（英国）、Phaidon出版社（英国）、Taschen出版社（德国）、teNeues出版社（德国）等，都已出版过摄影类书籍，也都有出版高品质、大批量图像类书籍的能力。还有另外一些与传统大型出版社不同的出版商，他们的出版重点是那些小众摄影书，这些书通常只以某一种独特的物体为拍摄主体，全书的照片都是围绕这个拍摄主体的。

图书在版编目（CIP）数据

数码摄影手册 ： 迈克尔·弗里曼的摄影基础入门教程 / (英) 迈克尔·弗里曼 (Michael Freeman) 著 ； 高文博译. -- 北京 ： 人民邮电出版社, 2021.12
ISBN 978-7-115-55757-5

Ⅰ. ①数… Ⅱ. ①迈… ②高… Ⅲ. ①数字照相机－摄影技术－技术手册 Ⅳ. ①TB86-62②J41-62

中国版本图书馆CIP数据核字(2020)第268073号

◆ 著　　[英]迈克尔·弗里曼（Michael Freeman）
译　　高文博
责任编辑　白一帆
责任印制　陈　犇

◆ 人民邮电出版社出版发行　北京市丰台区成寿寺路 11 号
邮编　100164　电子邮件　315@ptpress.com.cn
网址　https://www.ptpress.com.cn
天津市豪迈印务有限公司印刷

◆ 开本：700×1000　1/16
印张：14.25　　2021 年 12 月第 1 版
字数：309 千字　　2021 年 12 月天津第 1 次印刷

著作权合同登记号　图字：01-2019-5731 号

定价：109.90 元

读者服务热线：(010)81055296　印装质量热线：(010)81055316
反盗版热线：(010)81055315
广告经营许可证：京东市监广登字 20170147 号